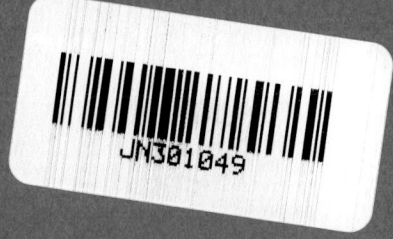

南方熊楠
Colored Illustrations of FUNGI
菌類図譜

解説
萩原博光
編集
ワタリウム美術館

新潮社

目次

扉：採集旅行に出かける熊楠（右）の出で立ち
1902年の田辺近辺での採集旅行を再現して
同年、田辺の池田写真館で撮影したもの
南方熊楠顕彰館蔵

ドローイングとしての菌類図譜

和多利恵津子［ワタリウム美術館］

私が南方熊楠に惹かれたのは、ここに掲載した菌類図譜を見たときでした。丁寧な線描に水彩で彩色したきのこ、それぞれに胞子を包んだ英字新聞がところどころにコラージュされています。そのまわりの余白を埋める熊楠自筆の欧文テキストも、ドローイングの一部として絶妙の構図を創りだしていました。それらには、文科系のものにはない、自然科学の精密でクールな雰囲気が漂っていたのです。「誰かに観てもらうために描いた〈絵〉とは違うのです」という自信さえ感じてしまうのです。

私はさらに熊楠という人物に関心をもっていきました。いろいろ出されている出版物を見て、とんでもなく深い森に迷い込んでしまいそうな不安にかられます。謎に包まれた生涯、他に類をみない知識の広がり、民俗学、自然科学、博物学など、一体何をした人物なのかと。

2006年4月から9月、それぞれの専門家をまねき『熊楠の森を知る』と題したシンポジウムを開催することとなりました。民俗学というフィールドから熊楠の位置を捕えようとされた松岡正剛氏をはじめ、「森の神話」「粘菌」「熊野」など、少しずつ熊楠の世界に分け入っていったのです。

現代美術を紹介してきた私にとって、はじめは分野外にみえた熊楠でしたが、当時としてはあまりに先進的なその自然観において、現代アーティストが直面し、表現しようとしているテーマにとても近いことに気づき始めました。近頃よく耳にする〈エコロジー〉とか〈環境保護〉という言葉でいわれる、人間側から自然をコントロールし、保護しようというのではありません。それは、昔から日本人が山や木などの自然を信仰の対象として大切に拝んできた歴史や、そこから生まれた神話と深い関係があるのです。熊楠の菌類図譜が私にそれを実感させたのです。

20世紀とその後の現代美術に最も影響を与えたアーティスト、ヨーゼフ・ボイス（1921～86年）の場合も熊楠に近い印象でした。ボイスは幼少時代、近くの森で植物や虫を採取してノートに貼るのが日常だったといいます。その後、薬草や薬の研究をして薬剤師になろうと考えていました。やがてデュッセルドルフ芸術アカデミーに入学し、そこで彫刻を学んだマタレー教授の家で独自の植物知識による庭を創っています。自然科学への興味は生涯失せる事がなく、多くの作品の中で自然を比喩やシンボルとして詩的に引用しています。例えば、ドローイングに登場する滝、川、泉、氷河、山などはいわゆる伝統的な風景として描かれているわけではありません。それは太古に自然の力が、地球の表面に施した彫刻として表現されるのです。『社会彫刻』というボイスの打ち立てた芸術哲学、世の中のすべての人間が社会を彫刻し、それが社会を形成するという考えの出発点もこの自然観といえます。芸術と科学や直感との関係を強化することは、ボイスの創作の上での最も大切なテーマの一つだったのです。ボイスのこの自然観は次世代の多くのアーティスト達に影響を与えたのです。

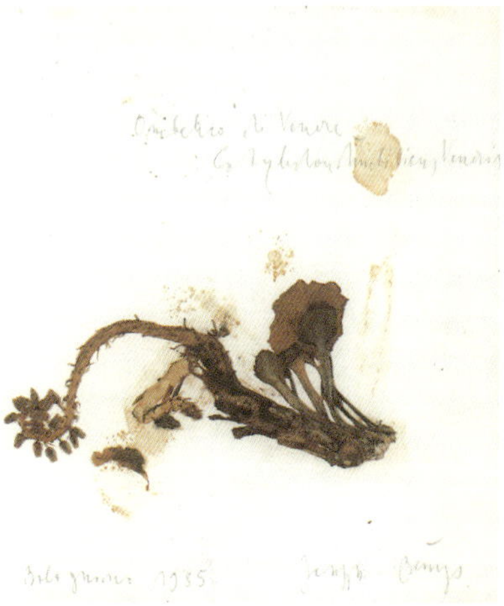

ヨーゼフ・ボイス
「ヴィーナスのへそ」1985年
© Joseph Beuys

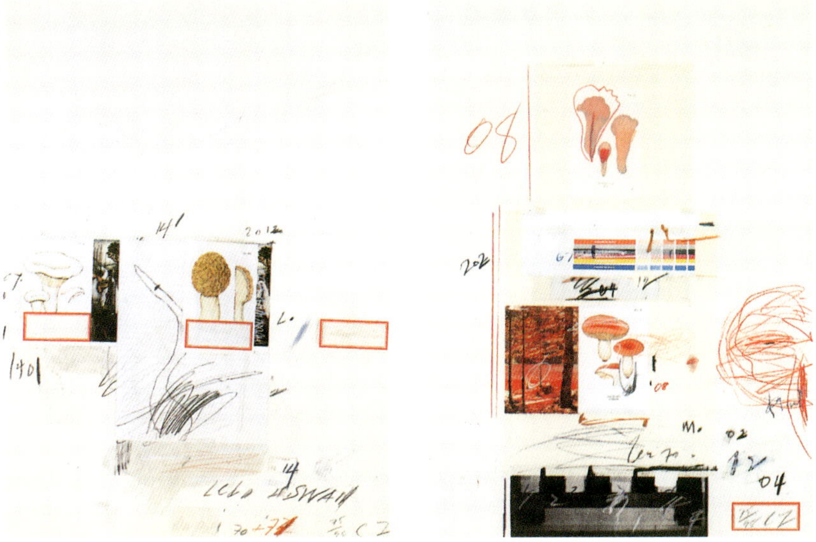

サイ・トゥウォンブリ
「自然史、第一部、きのこ」より　1974年
© Cy Twombly

もう一人、20世紀を代表する重要なアーティスト、サイ・トゥウォンブリのある作品を思い起こしました。アメリカ出身のトゥウォンブリは、1928年、ヴァージニア州に生まれ、ボストンとニューヨークで美術を学び、1957年からローマに移住し、今も現役で活躍中です。あえて世俗的な紹介をすると、トゥウォンブリの絵画は現役のアーティストの中でオークション最高額の記録を持っています。

その作品「自然史、第一部、きのこ」は、1974年に制作された10枚組のシリーズです。子どもがかいたような〈きのこ〉の絵、なぐり描きの線や文字、ところどころに写真がコラージュされています。トゥウォンブリの作品の中には多くの植物が登場します。それらは伝統的な植物画にはない瞬間の記憶のようなきらめきに溢れています。落書きのような自由さを持っているのです。一方トゥウォンブリは植物を正確に分解しようとしました。見た目だけではなく、植物の名前、まつわる神話、特性なども断片的に絵の中に書きしるされています。自由な表現方法と記憶のエネルギーとにあふれているのです。

そして南方熊楠の遺したきのこ図譜を見るとき、それらはどうしても自然科学的な成果、例えば菌類を広く集めて分類し、説明を施し図にあらわすということだけに留まっていないと私は感じるのです。勿論、世界中を歩き、熊野の森できのこを採集し続けた熊楠自身はそんなことはまるで意識していなかったことでしょう。熊楠はただ世界の創造の無限を知りたいと願い、生涯挑戦し続けました。そして熊楠はついに自然の色や形、そして目に見えないエネルギーを独自の方法で捕えたのではないかと思うのです。これらきのこ図譜たちは、100年の時を超え、すっかり自然から遠ざかり、その姿形を見失ってしまった私の心を摑んで離さないのです。

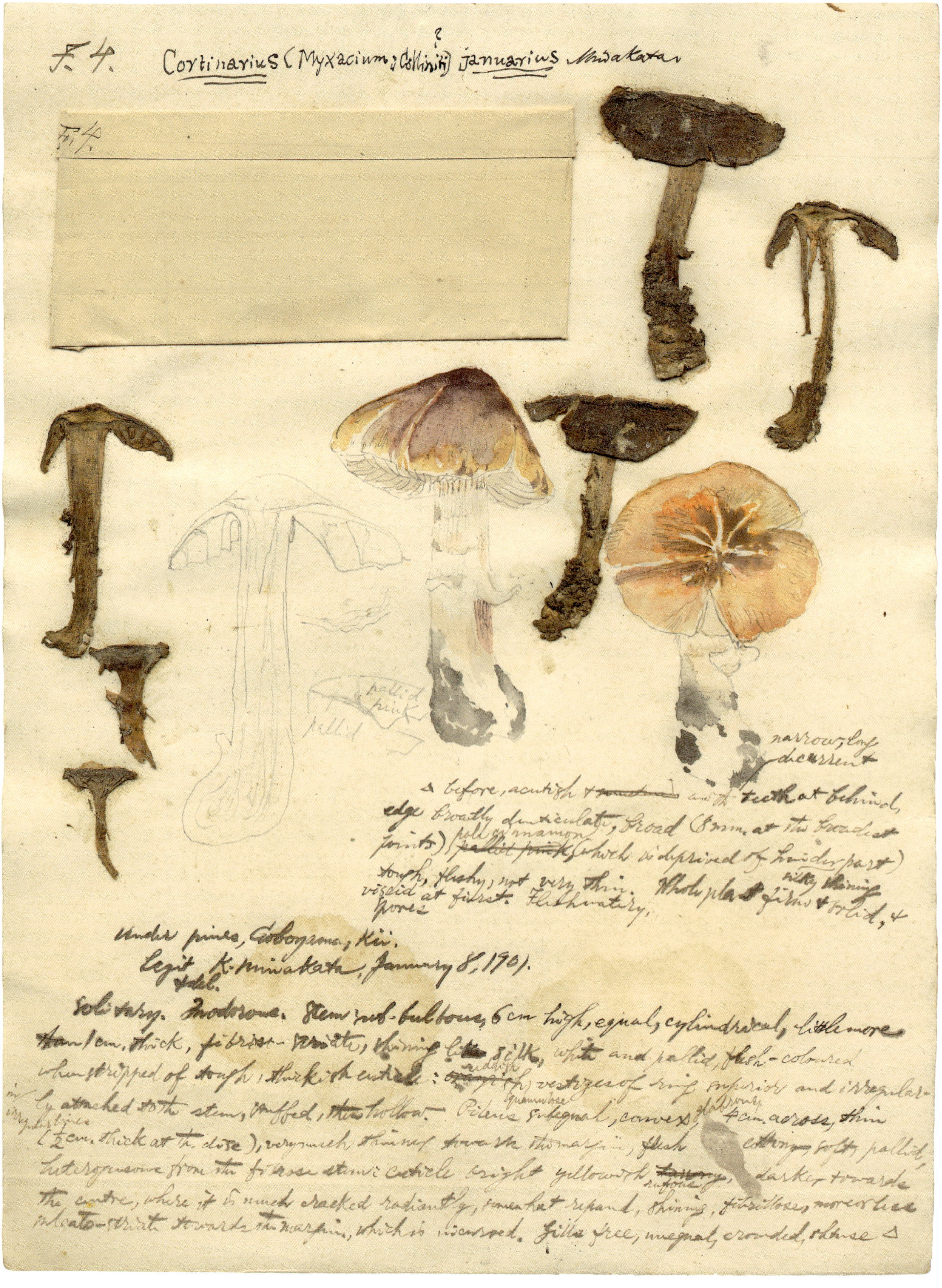

F. 4　1901（明治34）年1月8日、御坊山にてマツ林に発生し、熊楠によって採集された。熊楠命名のフウセンタケ属の新種。熊楠菌類図譜の重要な特徴の一つは、乾燥した実物のきのこが科学的標本として伴っていることである。標本は、しばしば本図版のように彩色図の描かれた画用紙に貼り付けられている。

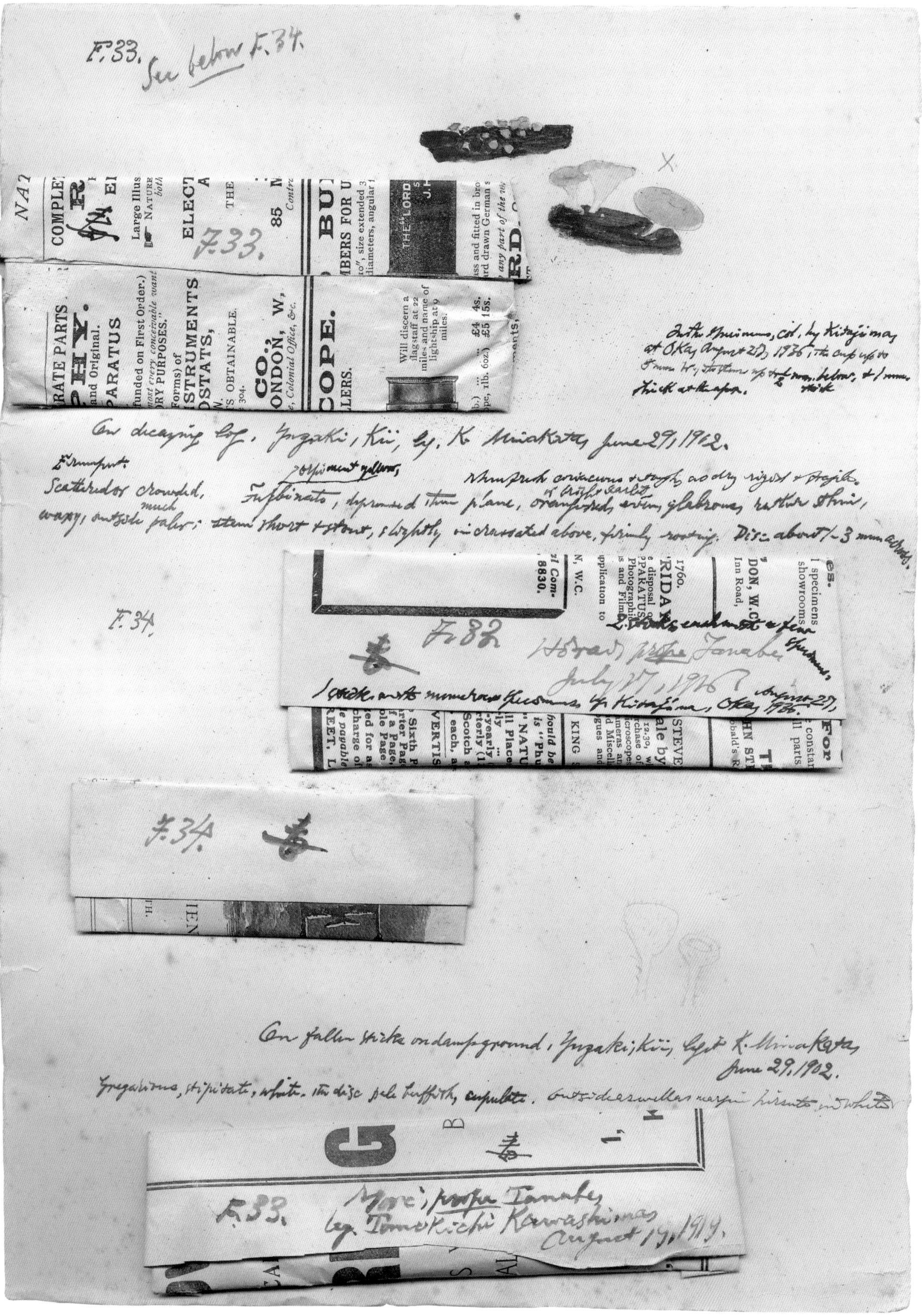

F. 33　1902（明治35）年6月29日、湯崎にて腐木上に発生し、熊楠によって採集された。未同定のチャワンタケの仲間。1枚の図版に同じ日に採集された2種類のきのこが載っている。記述から、F. 33のきのこは、1916年、1919年、1936年の3回、追加採集されたことがわかる。「毒」とあるのは虫害を防ぐためにヒ素を塗ったことを示している。

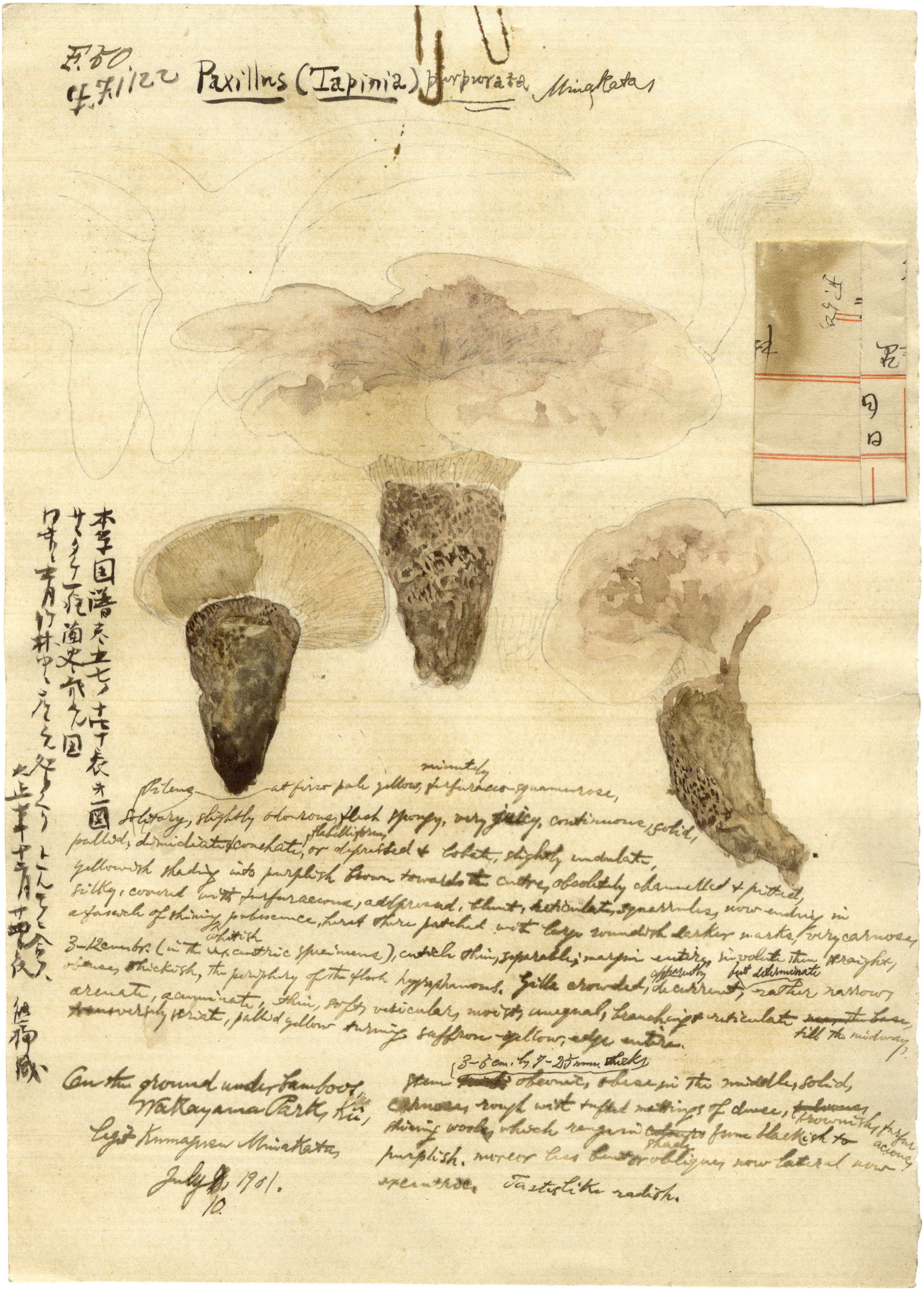

F. 50　1901（明治34）年7月10日、和歌山公園にて竹林に発生し、熊楠によって採集された。熊楠命名のヒダハタケ属の新種。本草図譜や菌史の図と比較して考察したことが和文で書き込まれている。このように和文の書き込みのある図版は少ない。

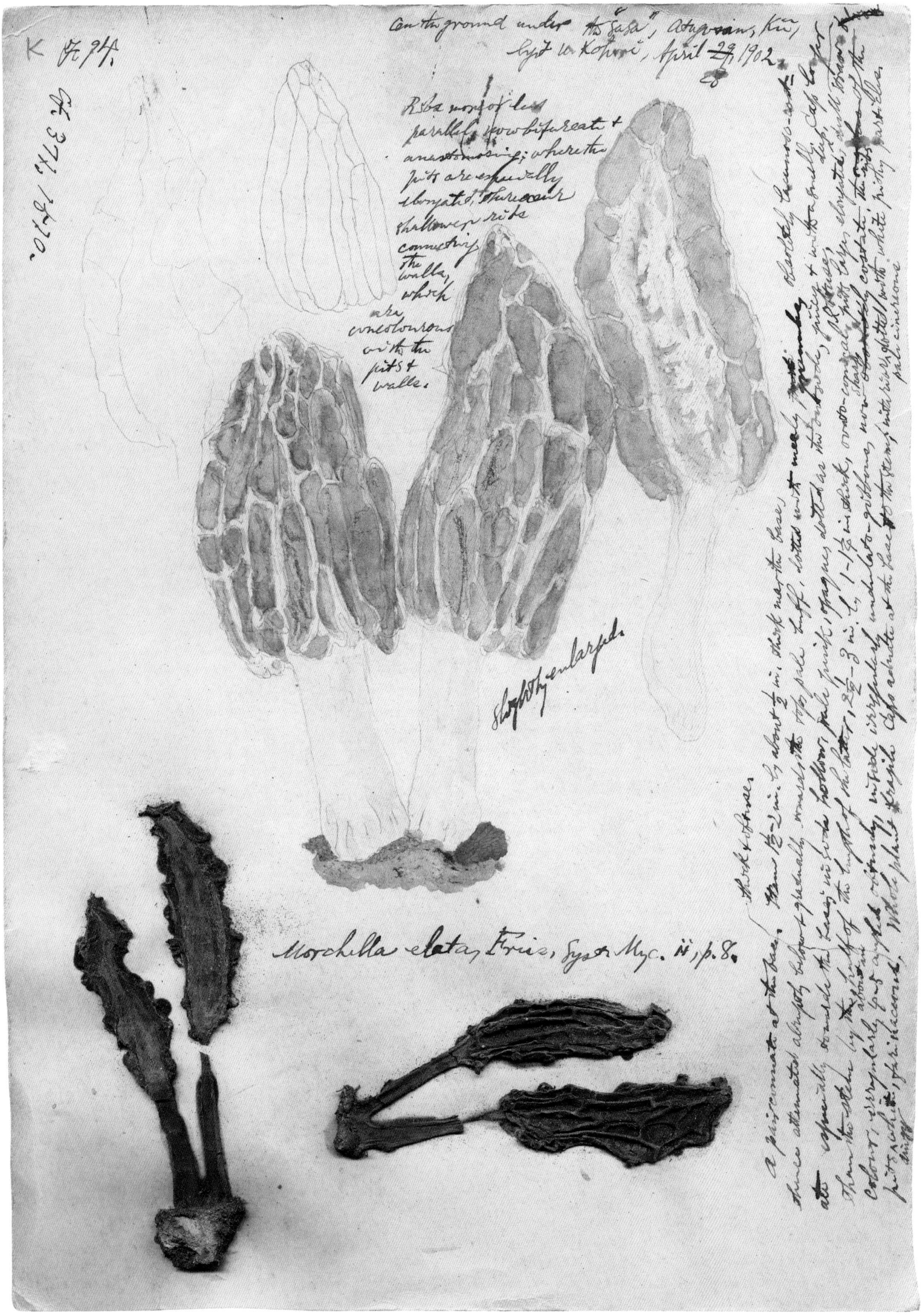

F. 94　1902（明治35）年4月28日、愛宕山にてササの下に発生し、小堀梅之丞によって採集された。オオトガリアミガサタケ。きのこは腐りやすいため、図版作成の手順は先ず描画と記述である。次に、そのきのこを押し葉標本のように乾燥させて貼付する。そして、時間のある時に図鑑などの文献に当たって同定し、学名を活字体で記入する。

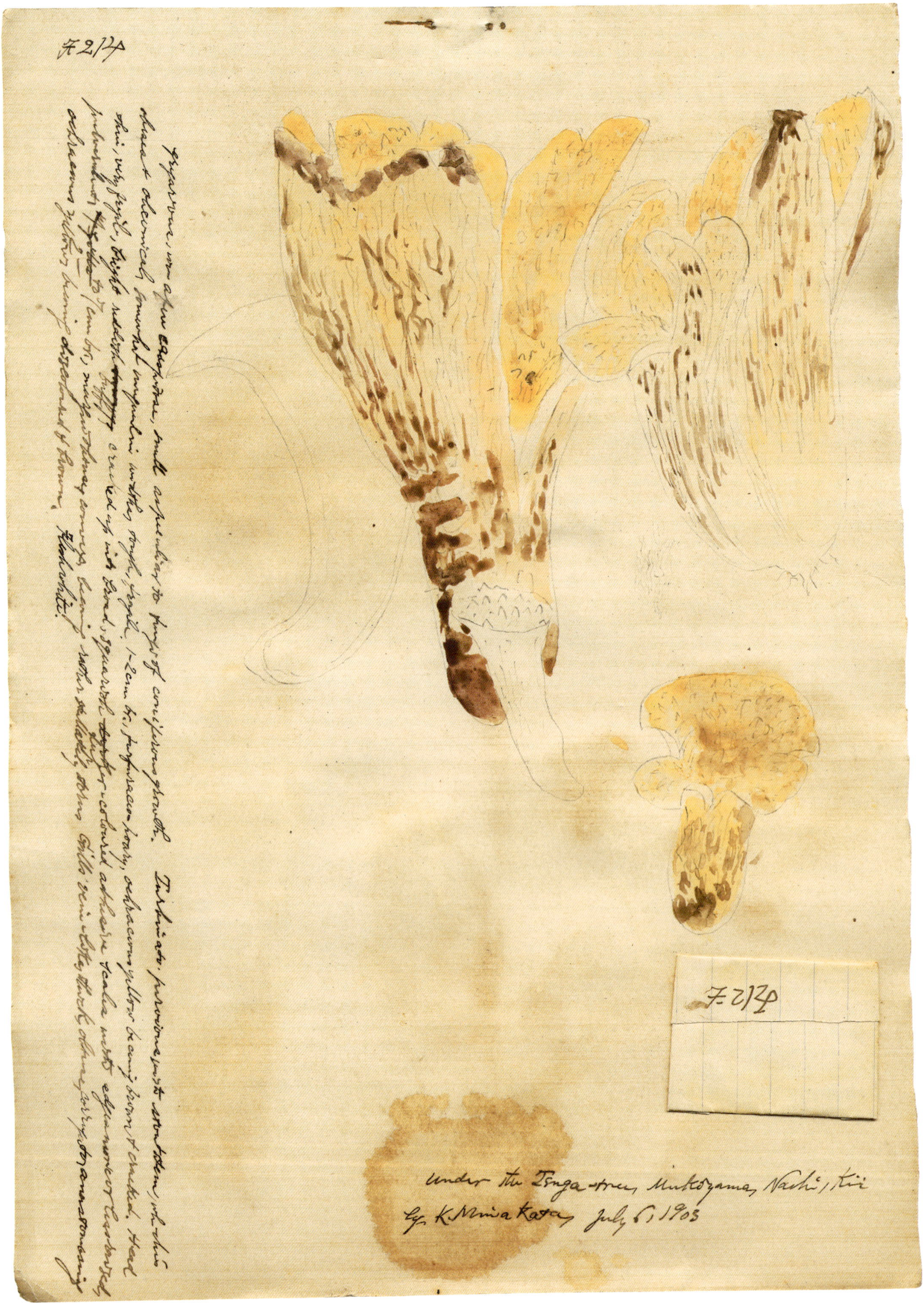

F.214 1903（明治36）年7月6日、那智向山にてツガ林に発生し、熊楠によって採集された。未同定のきのこ。熊楠の3年にわたる那智を中心とした南紀植物調査は、1901年に始まり、1904年に終わる。『南方熊楠日記』（八坂書房）の第2巻と読み合わせると、熊楠の調査の様子が目に見えてくる。

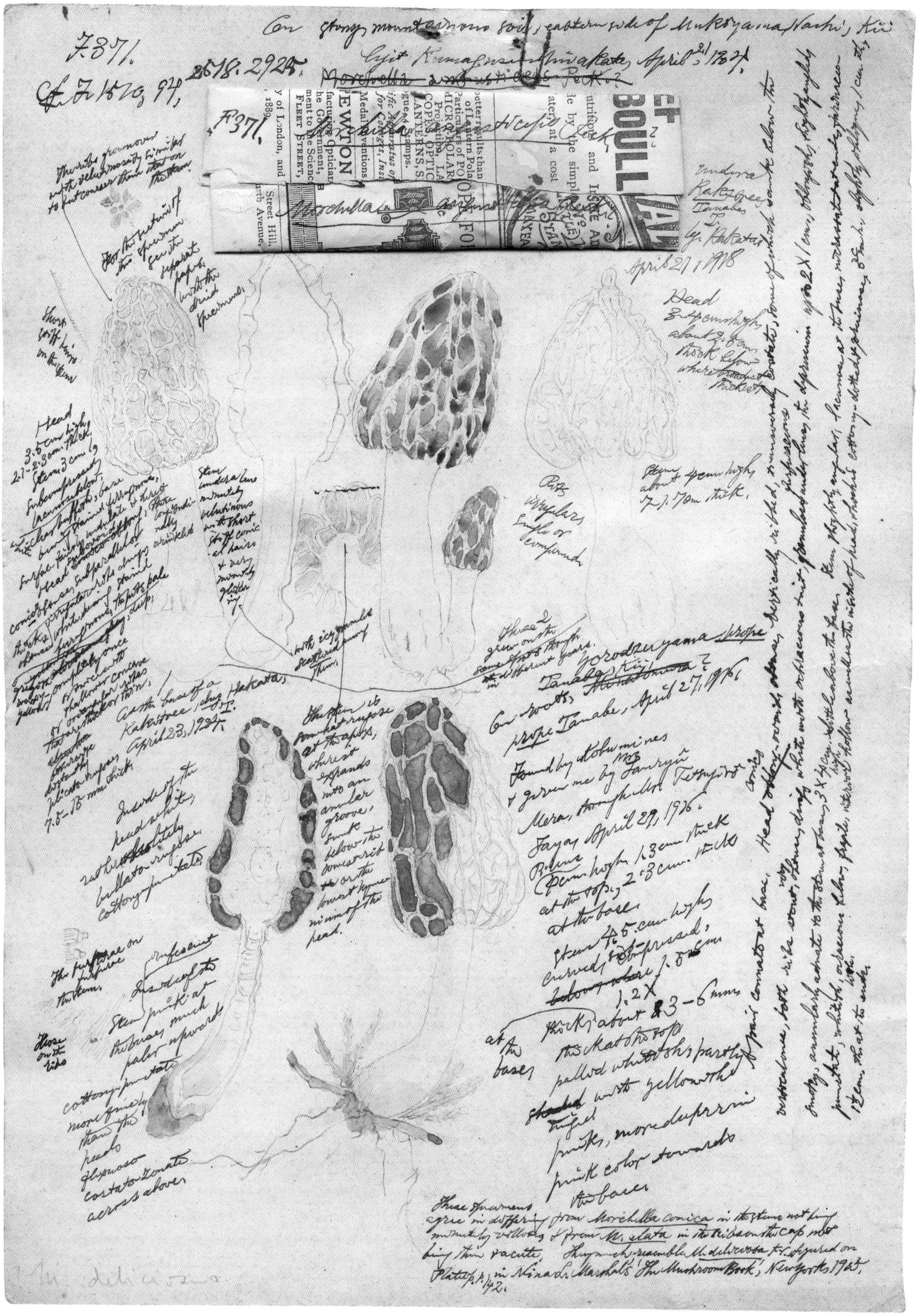
F. 371.
On stony mountainous soil, eastern side of Mukōyama, Nachi, Kii
These specimens agree in differing from Morchella conica in the stems not being minutely villous & from M. elata in the ribs on the cap not being thin & acute. They much resemble M. deliciosa Fr. figured on Plate p. 42, in Nina L. Marshall's The Mushroom Book, New York, 1902.

F. 371　1904（明治37）年4月21日、那智向山にて岩だらけの東斜面に発生し、熊楠によって採集された。未同定のアミガサタケ属のきのこ。熊楠日記には「向山……帰れば点灯前也。所得、モレル1種、ペジザ等菌凡そ19種、苔少々。」とある。「モレル」とは本図版のアミガサタケ属のきのこのことである。

F. 410　1904（明治37）年6月12日、那智にてササの下に発生し、熊楠によって採集された。熊楠命名のオキナタケ属の新種。本図版にはもう1種類、アラゲコベニチャワンタケの仲間らしききのこが描かれている。左上の紙袋には雲母片に挟まれた胞子が収められ、右下の紙袋には乾燥した実物標本が入っている。

F. 498　1905（明治38）年5月21日、救馬谷にて湿った土手の腐り始めた切り株に発生し、熊楠と千本武吉によって採集された。熊楠命名のフウセンタケ属の新変種。彩色図、英文記載、実物標本、および胞子を収めた紙袋が一目瞭然に配置されている本図版は、熊楠菌類図譜の様式を凝縮した典型的な1枚である。

F. 576　1928（昭和3）年10月9日、田辺にて埋もれ木に発生し、目良長五平によって採集された。未同定のスギタケ属のきのこ。採集年月日からわかるように、本図版は若いF番号であるがだいぶ後に作成されたものである。F番号の次に記されている「(C)」は、追加された図版であることを示している。

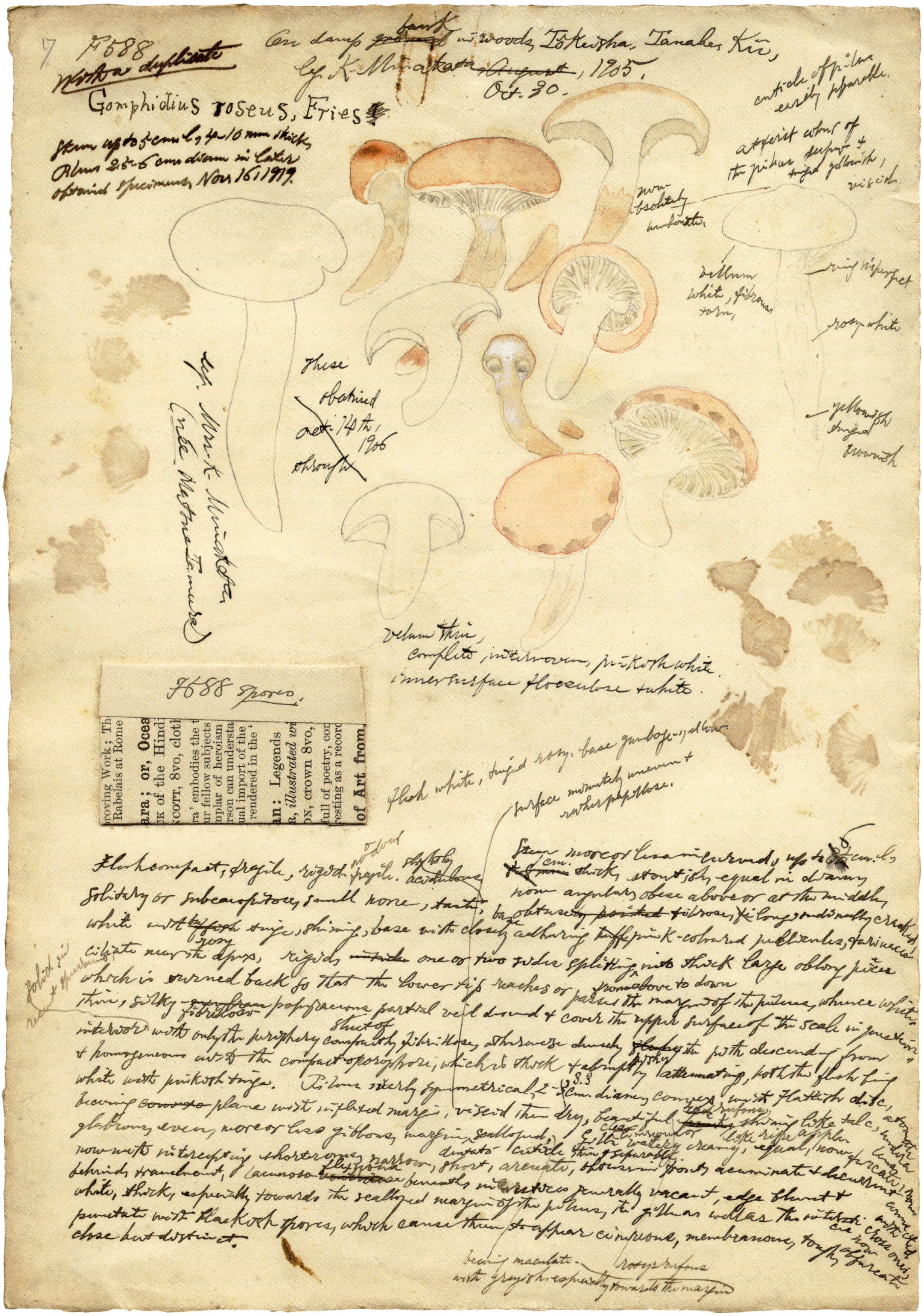

F. 588　1905（明治38）年10月30日、田辺にて闘雞社の林の湿った斜面に発生し、熊楠によって採集された。オウギタケ。熊楠菌類図譜の特徴の一つは、1種類のきのこを、大小、老若を取り混ぜ、いろいろな角度から描いていることである。可能な限り、きのこの全体像を示そうとする熊楠の科学的姿勢が窺われる。

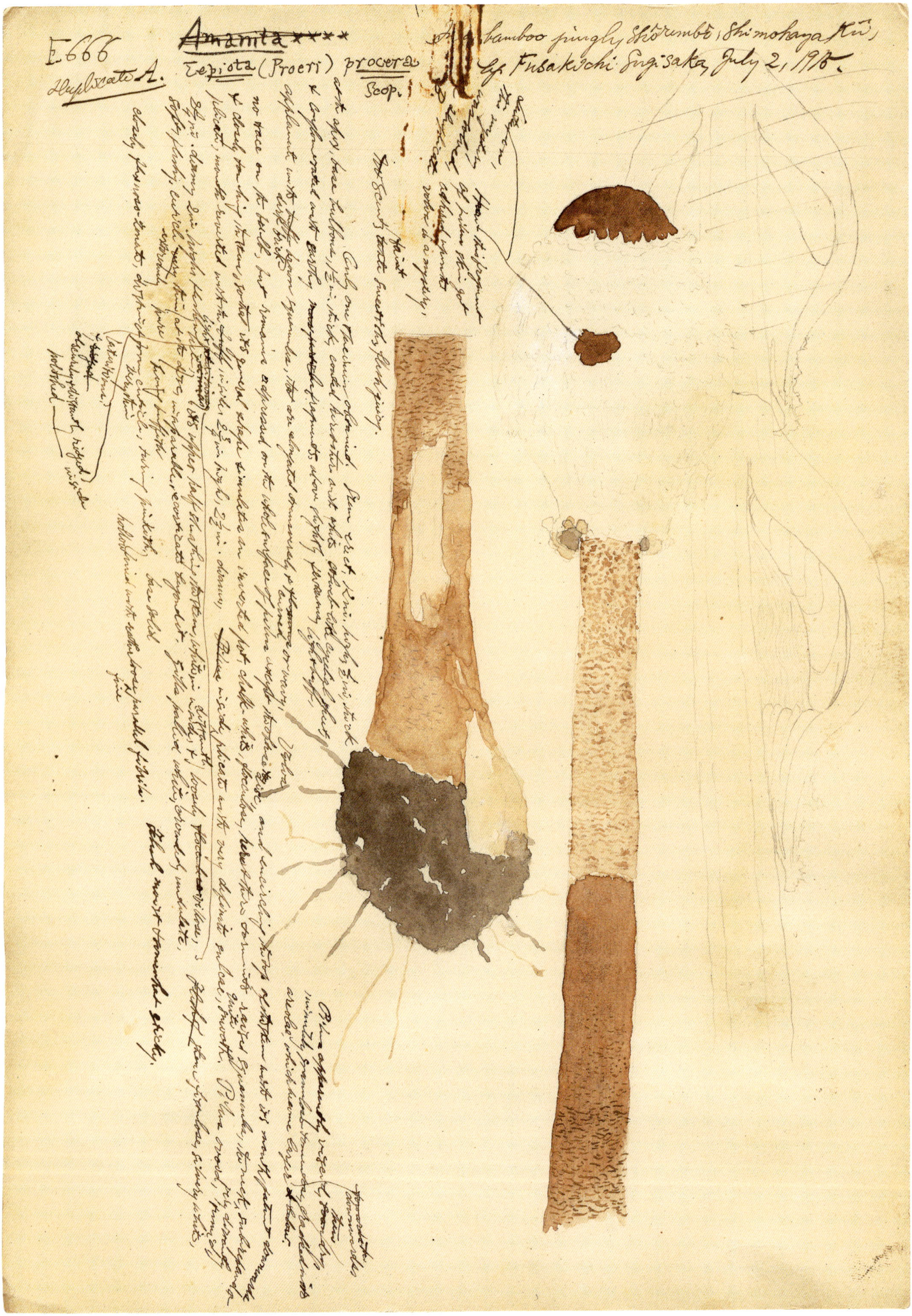

F. 666　1915（大正4）年7月2日、下芳養のしょうれん坊にて竹の茂みに発生し、杉坂房吉によって採集された。カラカサタケ。熊楠のきのこ図には、必ず断面図が描かれている。柄とかさがどのようにつながっているか、柄は中空か中実か、ひだが柄にどのように接しているかなどがよくわかるように正確に描いている。

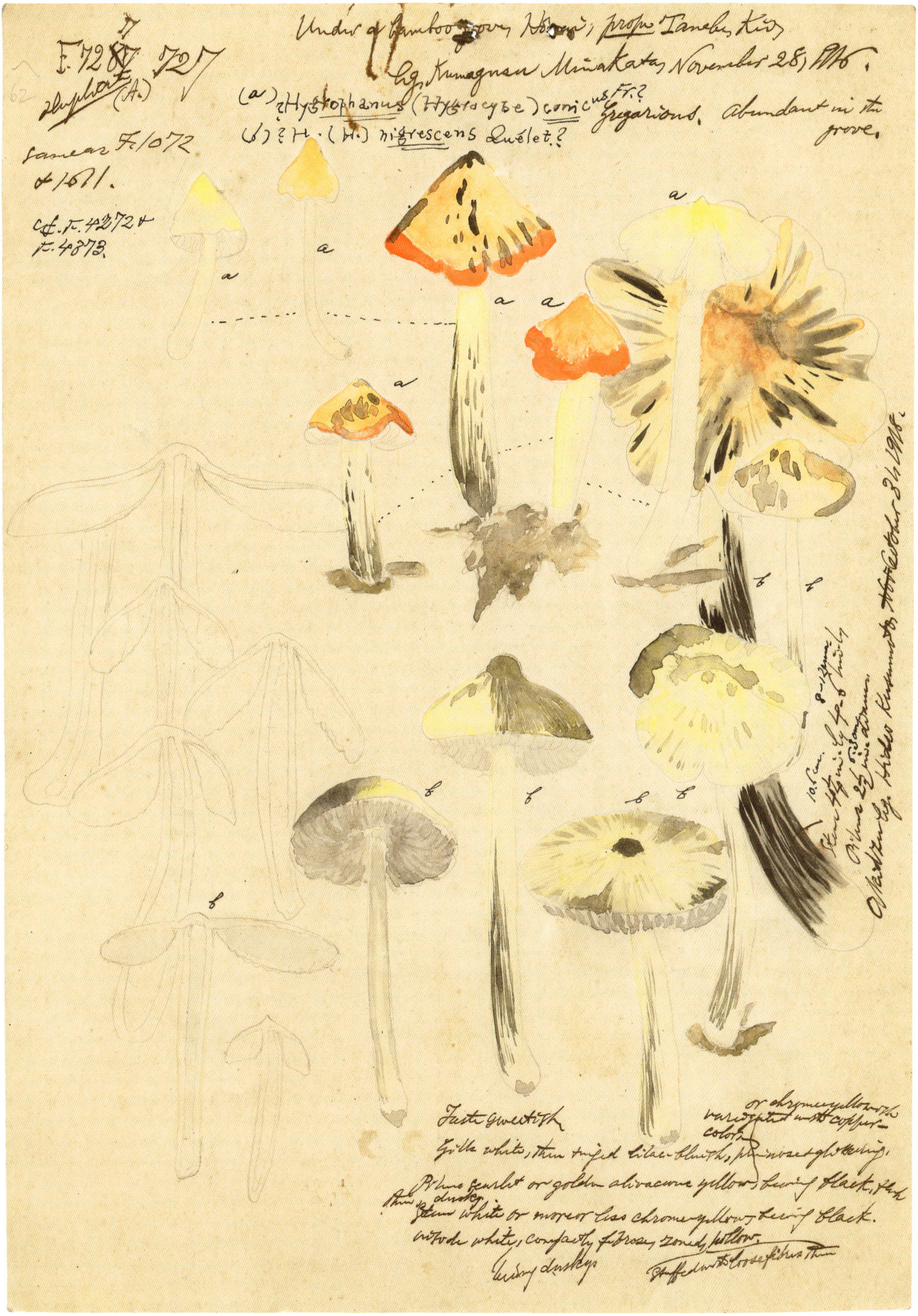

F. 727　1916（大正5）年11月28日、田辺近郊の蓬萊にて竹林に発生し、熊楠によって採集された。アカヤマタケ？　本図版からは、アカヤマタケ属の2種類が一緒に発生していたことや、F. 1072 とF. 1611 が同種のきのこの図版であること、F. 4272 とF. 4373 が類似したきのこの図版であることなどが読み取れる。

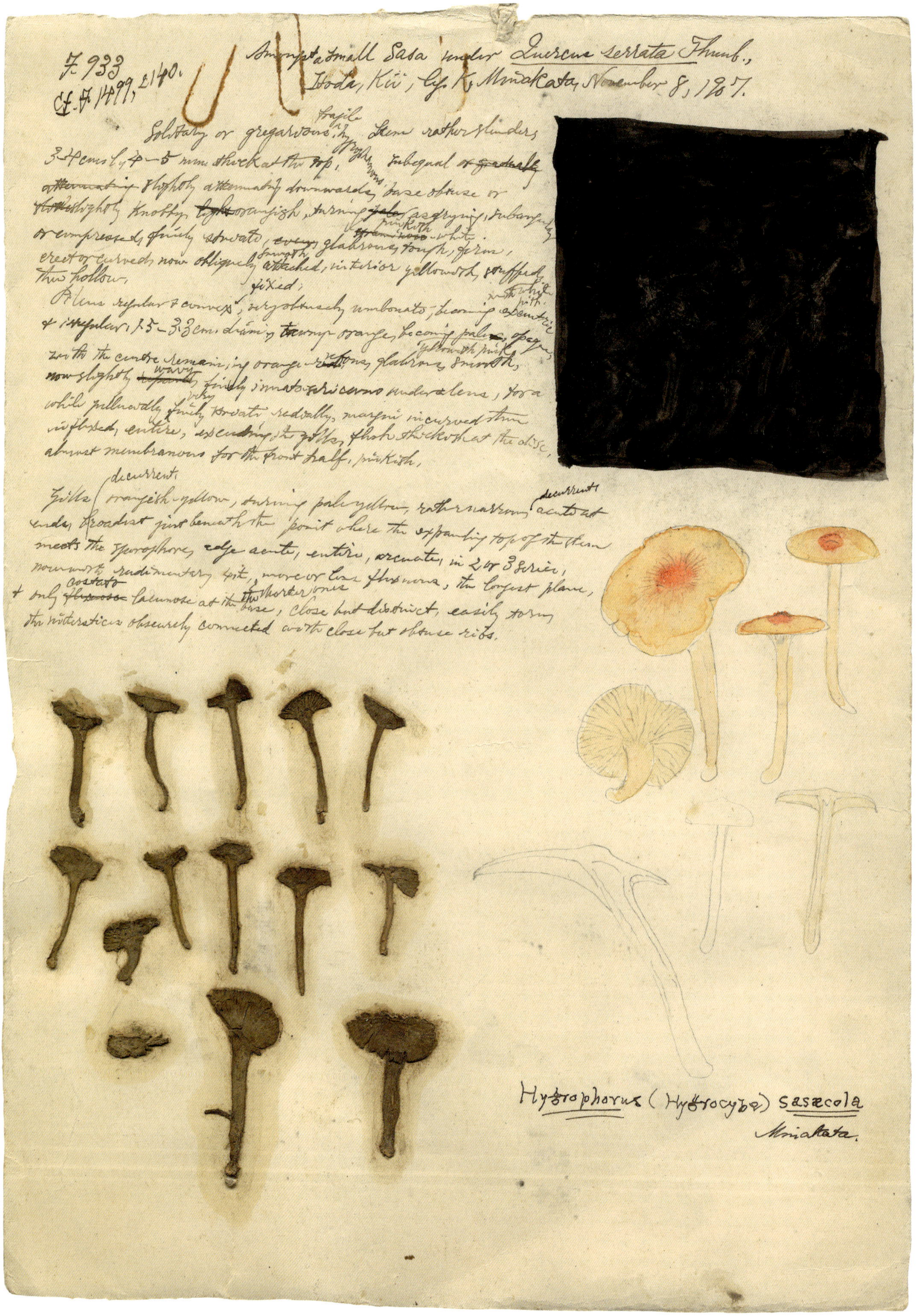

F. 933　1907（明治40）年11月8日、糸田にてコナラの下のササの間に発生し、熊楠によって採集された。熊楠命名のヌメリガサ属の新種。熊楠菌類図譜の記載文は、きのこの発生状況を先ず記し、その次に柄（Stem）、かさ（Pileus）、ひだ（Gills）の順に述べられている。しかし、今日の一般的な文献では、かさ、ひだ、柄の順に記述されている。

F.1008 1908（明治41）年10月31日、田辺にてメヒシバが生えている海岸の砂地に発生し、熊楠によって採集された。熊楠命名のハラタケ属の新種。熊楠菌類図譜を1900年の帰国時から1941年に亡くなるまでを比べてみた時、受ける印象が1921年の高野山旅行を境にして異なる。本図は、次の2枚と共に、初期の特徴をよく表している。

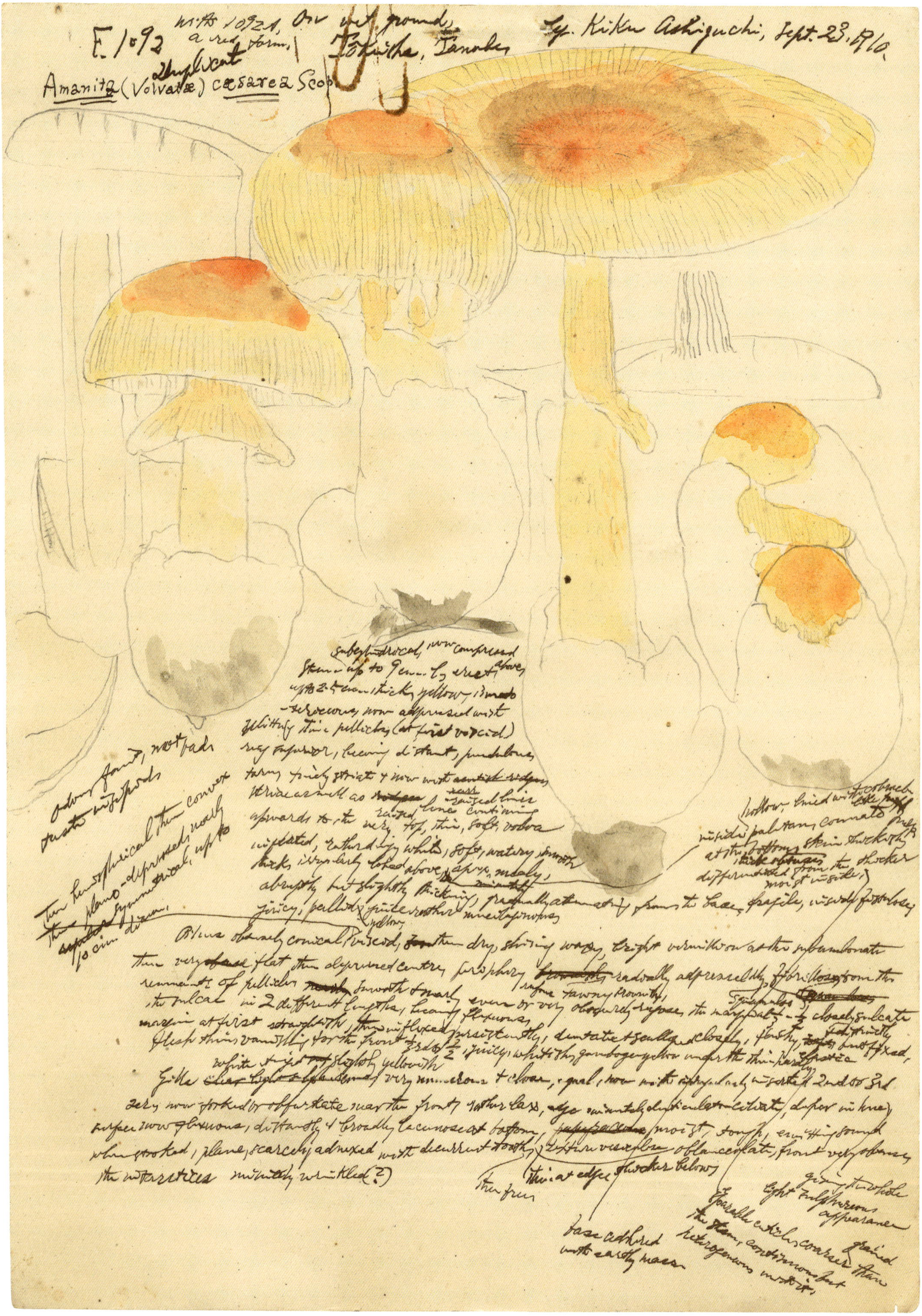

F.1092　1910（明治43）年9月23日、田辺にて闘雞社の湿った地面に発生し、芦口菊によって採集された。タマゴタケ。熊楠は、1906年に松枝と結婚して翌1907年に長男熊弥が誕生し、本図版を作成した翌年の1911年に娘文枝が生まれた。波瀾の生涯を送った熊楠にとって、田辺に居を構えて間もないこの頃は、家族に恵まれて安定した時期であった。

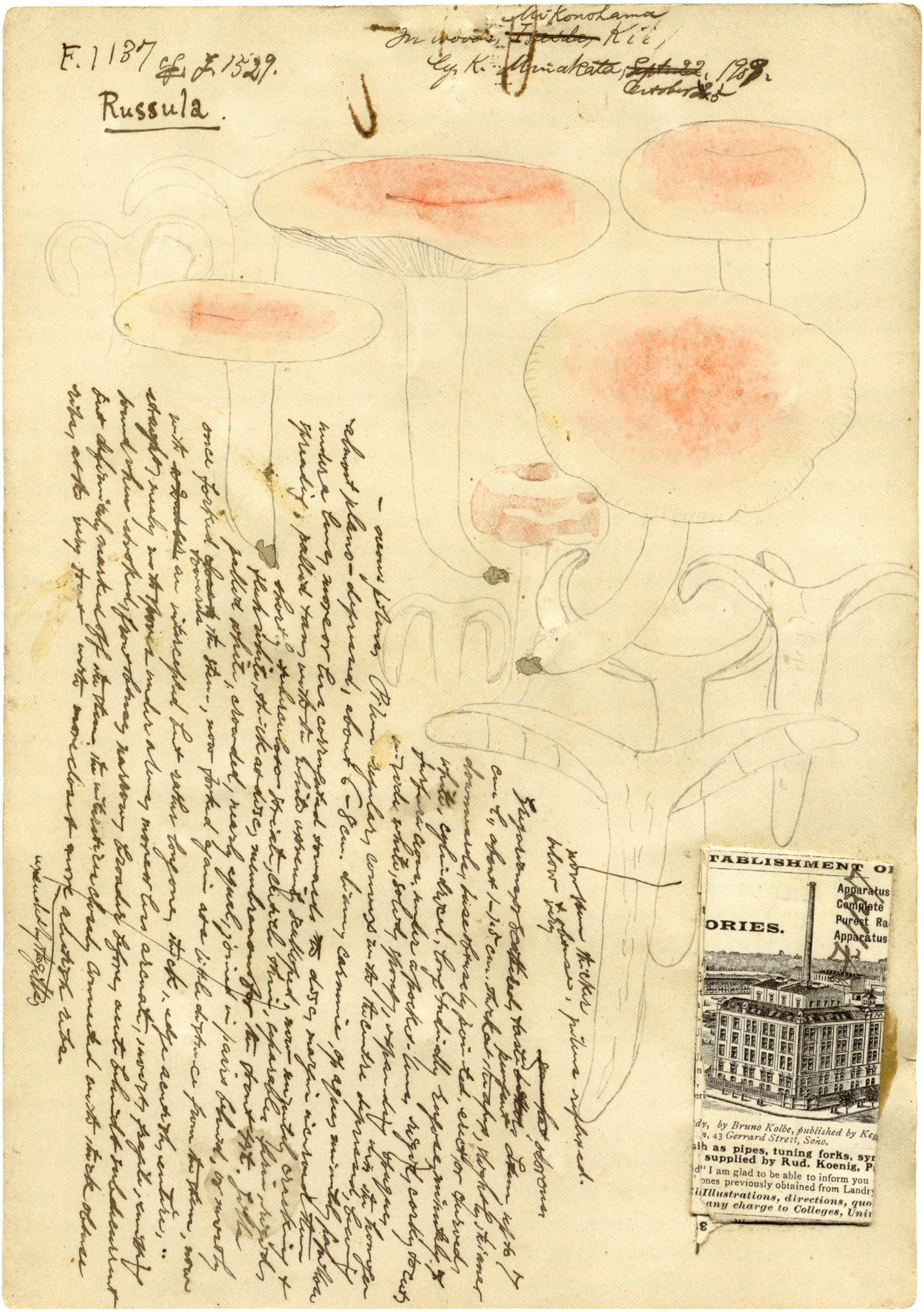
F. 1137
Russula
Konohama
Apparatus
Complete
Purest
by Bruno Kolbe, published by
43 Gerrard Street, Soho.
as pipes, tuning forks,
supplied by Rud. Koenig,
I am glad to be able to inform you
ones previously obtained from Landry
Illustrations, directions,
any charge to Colleges,

F. 1137　1909（明治42）年10月5日、神子浜にて林に発生し、熊楠によって採集された。未同定のベニタケ属のきのこ。この日の熊楠日記には「午前11時頃起、午後浜公園より磯間、六本鳥居に遊、菌多くとる。」とある以外、2歳3ヶ月を過ぎた息子熊弥のませた口ぶりを書き写し、その前後の日記の内容からも親ばかぶりが窺える。

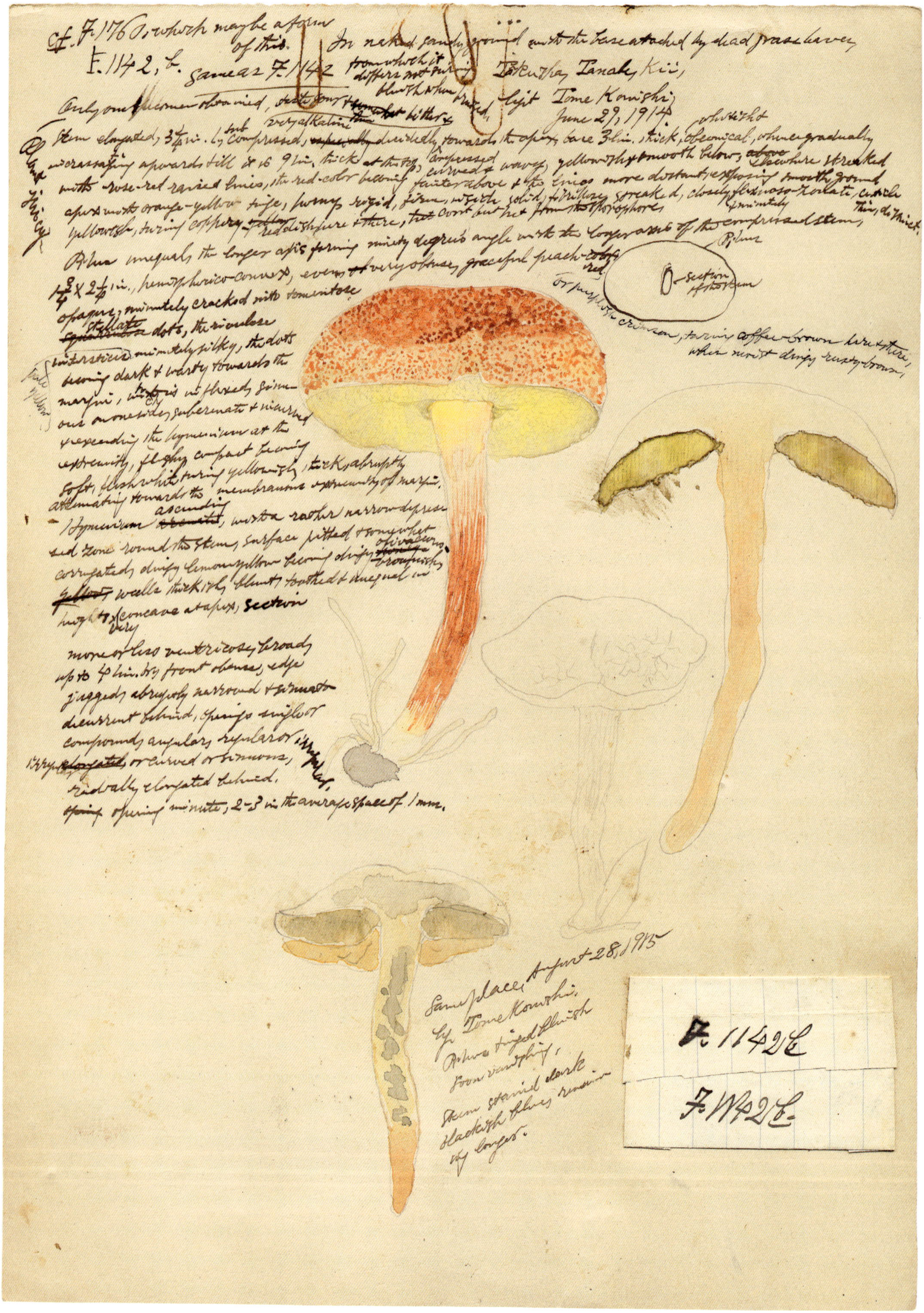

F. 1142 1914（大正3）年6月29日、田辺にて闘雞社の露出した砂地に、枯草が根元にくっついたまま発生し、小西とめによって採集された。未同定のきのこ。熊楠のきのこ採集に、家族もお手伝いさんも、近所の子供たちや大人たちも協力した。本図版のきのこを採集した小西とめは、1913年3月28日から南方家に奉公を始めた17歳のお手伝いさんであることが、熊楠の日記に記されている。

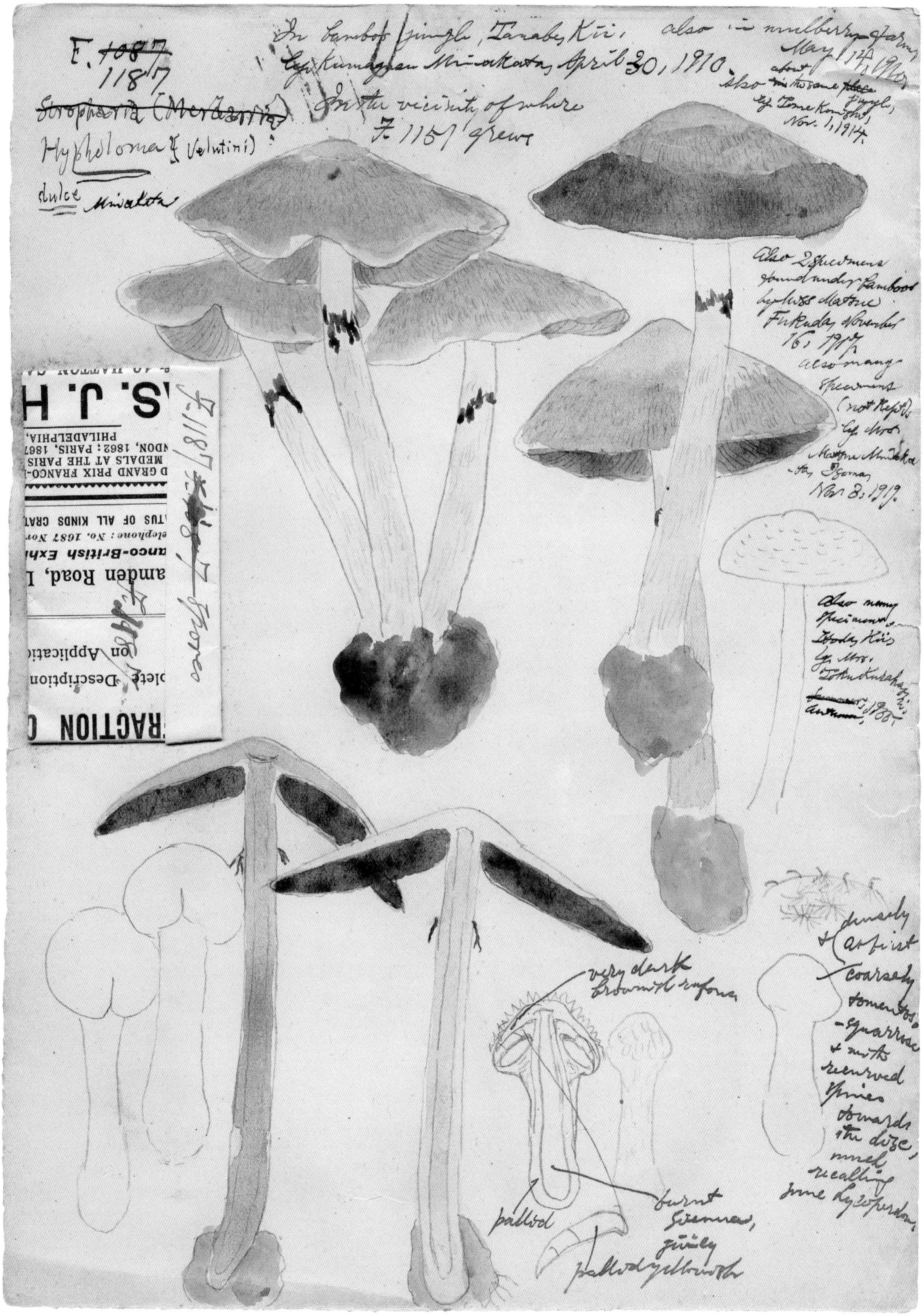

F. 1187
1910（明治43）年4月30日、田辺にて竹藪に発生し、熊楠によって採集された。熊楠命名のイタチタケ属の新種。本図版は、次の2枚と同様に、きのこの彩色図とちょっとした付記から構成されている。このように画面いっぱいに描かれている時には、セットになっている詳細な英文記載や実物標本の貼付は、同じF番号のついた別の図版にある。

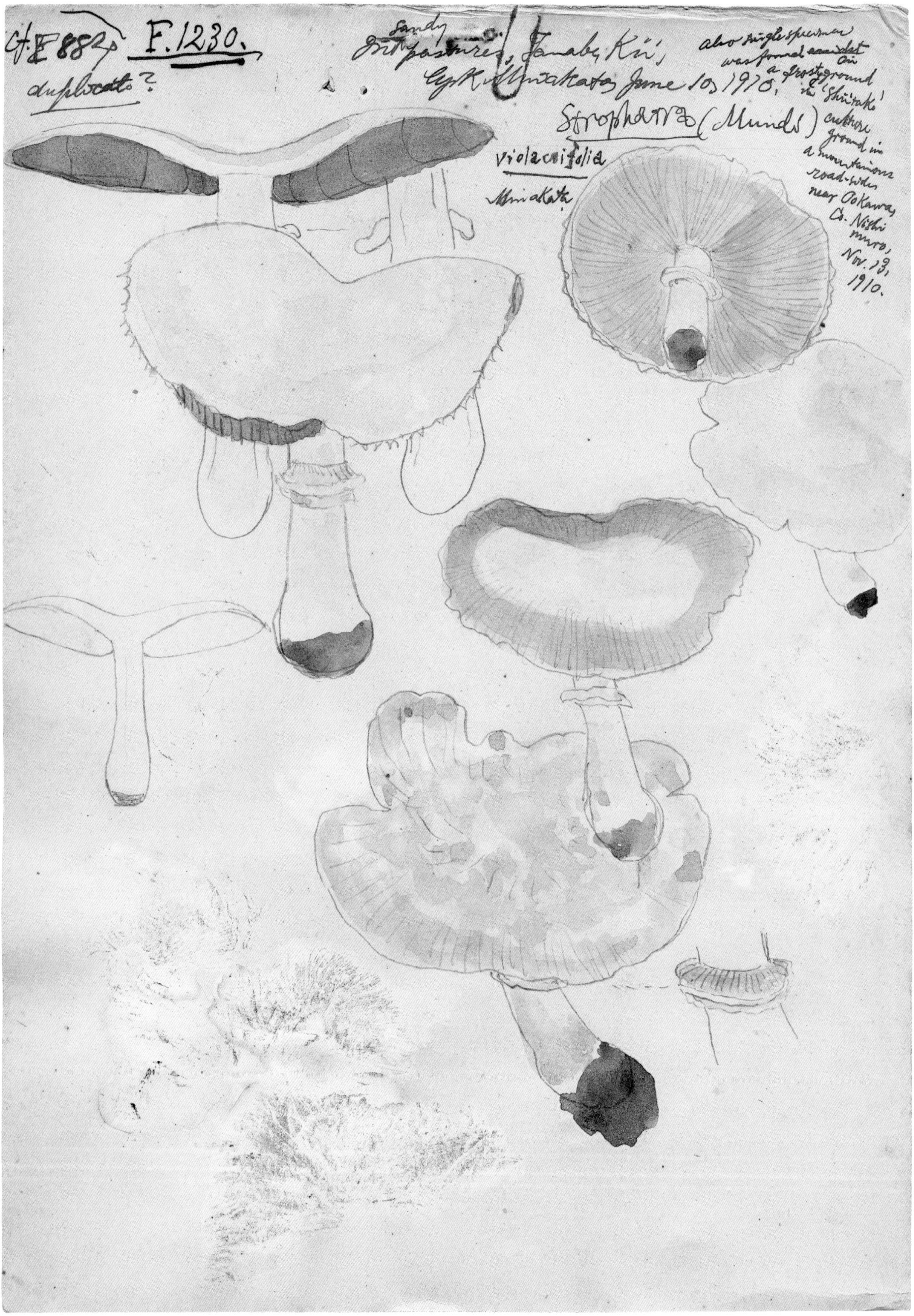

F. 1230　1910（明治43）年6月10日、田辺にて公園の砂地に発生し、熊楠によって採集された。
熊楠命名のモエギタケ属の新種。

F. 1240

1920（大正9）年8月21日－9月30日、田辺にてマダケの下に発生し、熊楠によって採集された。熊楠命名のハラタケ属の新種。採集年月日のところに色の異なるインクで「－Sept. 30, 1920.」と記されている。後日に追加記入されたことは、明らかである。実は、熊楠は8月下旬から9月末まで高野山へ行き、植物調査を行っていた。田辺に帰宅してすぐに補足採集したことを示しているのだろう。

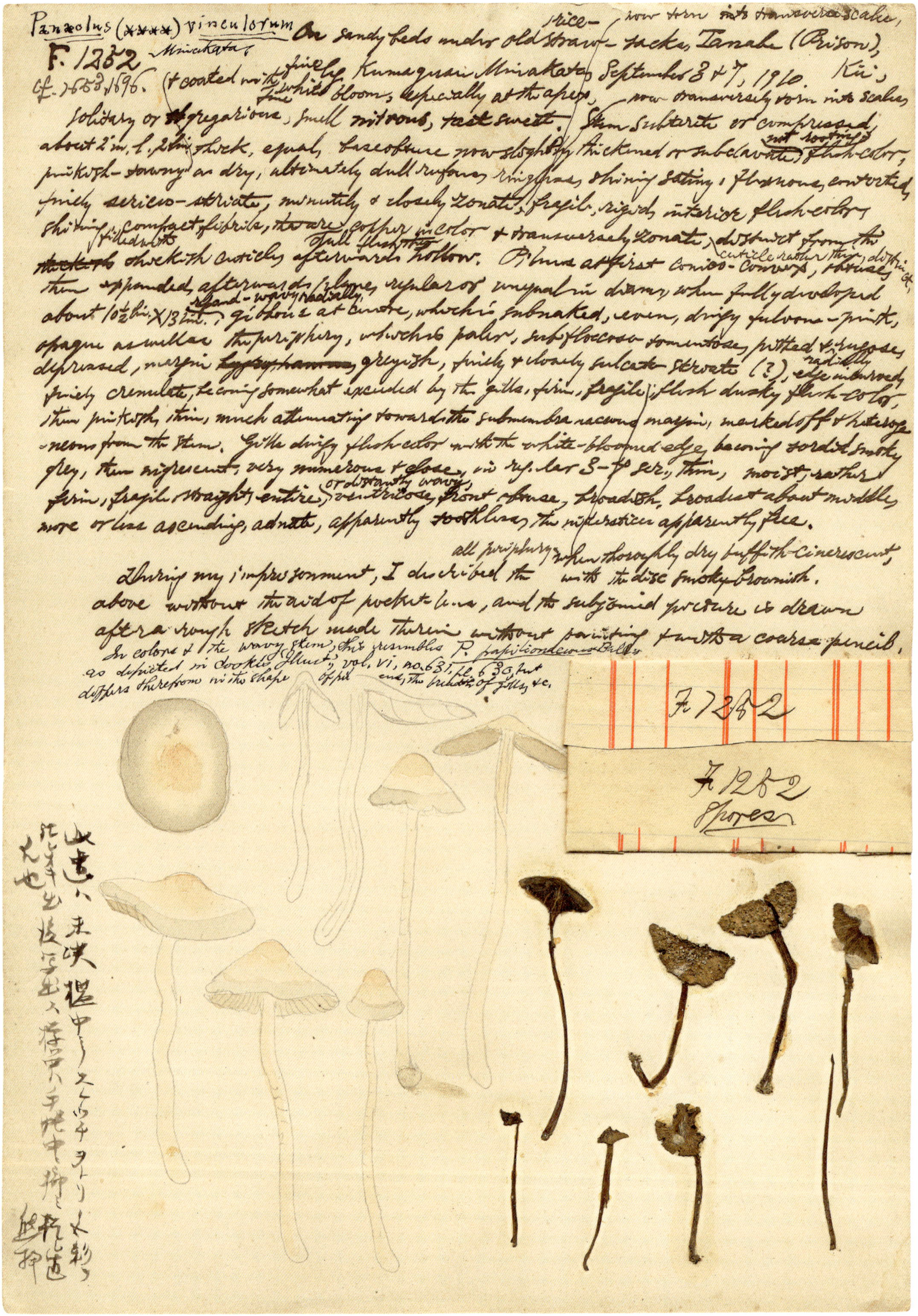
Panaeolus vinculorum Minakata
F. 1252
On sandy beds under old rice-straw-stacks, Tanabe (Prison), Kii, by Kumaguai Minakata, September 3 & 7, 1910.
During my imprisonment, I described the above without the aid of pocket-lens, and the subjoined picture is drawn after a rough sketch made therein without painting & with a coarse pencil.
F. 1252
F. 1252
Spores

F. 1252　1910（明治43）年9月3日および7日、田辺拘置所の古い稲藁束の置かれた砂地に発生し、熊楠によって採集された。熊楠命名のヒカゲタケ属の新種。神社合祀担当者が運営責任の講習会に乱入して大暴れをした熊楠は、翌日、家宅侵入罪で拘引されて未決監に入れられたが、そこで変形菌（粘菌）を見つけたり、きのこを採集したりした。和文の付記は、本図版の成り立ちを説明している。

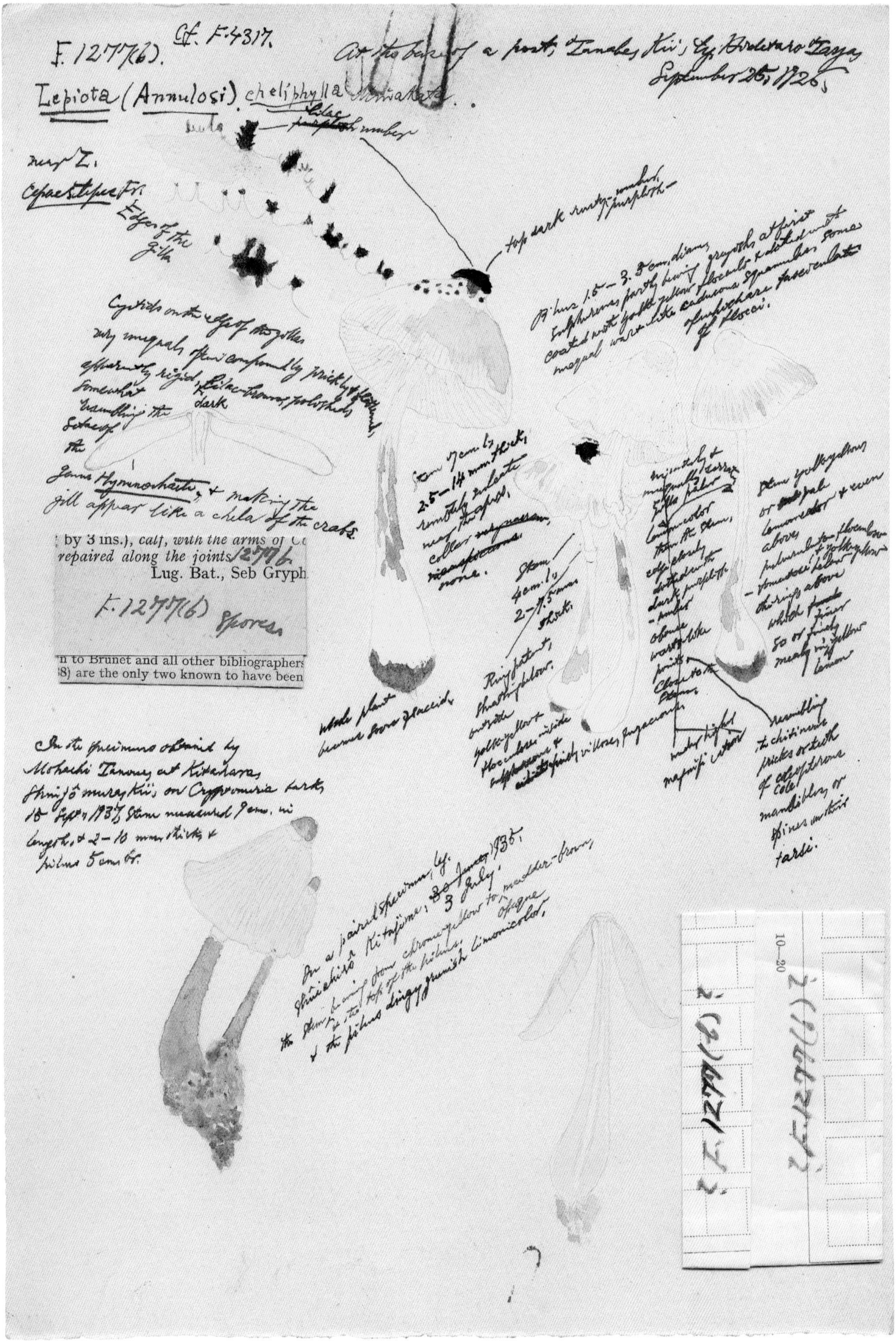

F. 1277｜1926（大正15）年9月25日、田辺にて柱の基部に発生し、多屋秀太郎によって採集された。
熊楠命名のキツネノカラカサ属の新種。

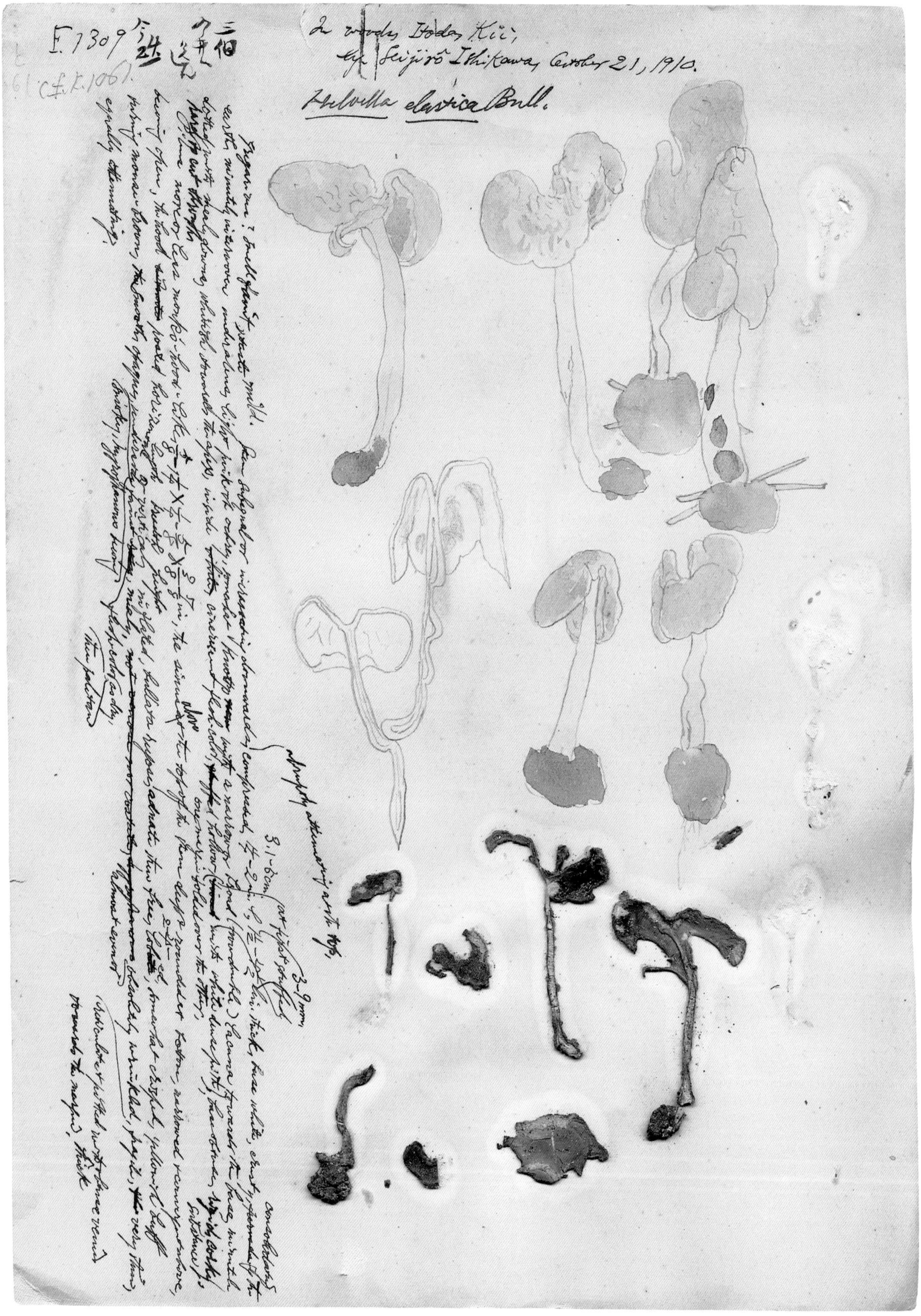

F. 1309　1910（明治43）年10月21日、糸田にて林に発生し、石川清次郎によって採集された。アシボソノボリリュウタケ。和文で「三個　今井へ送ル」とあるのは、日本を代表するきのこ学者の一人、今井三子へ本図版の右上から右下にかけて貼られていた3個の実物標本をはがして送ったことを意味している。

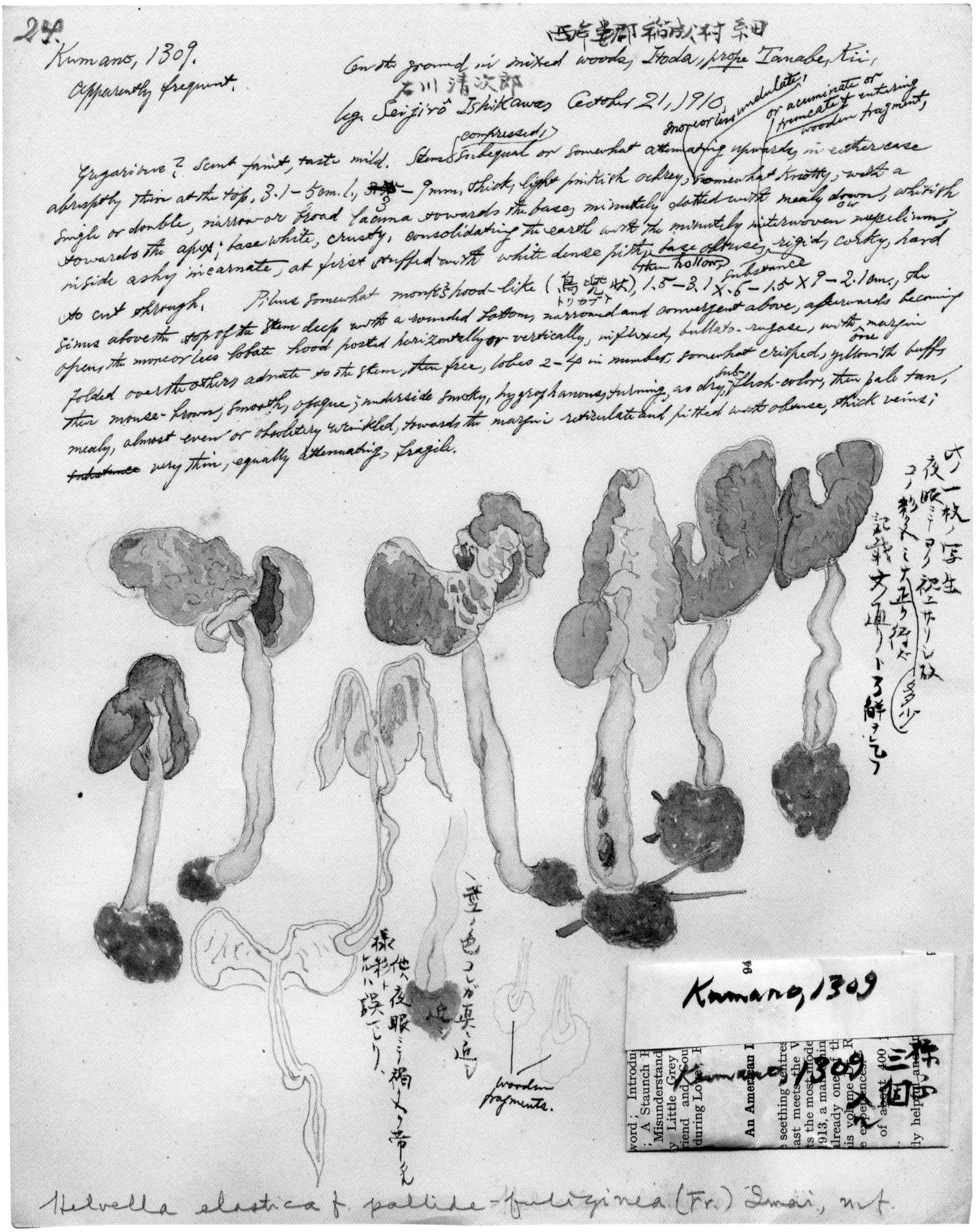

24　本図版は、前図版 F. 1309 に貼られていた3個の標本と共に今井三子へ送られた模写である。標本は、下の紙袋に入っている。1929年、少壮学者の今井は熊楠に標本借用の依頼をした。それをきっかけに両者の交流が始まり、熊楠は後に今井を「南方きのこ学」の一番弟子と言うほど気に入った。最下行は、今井のメモ書きである。

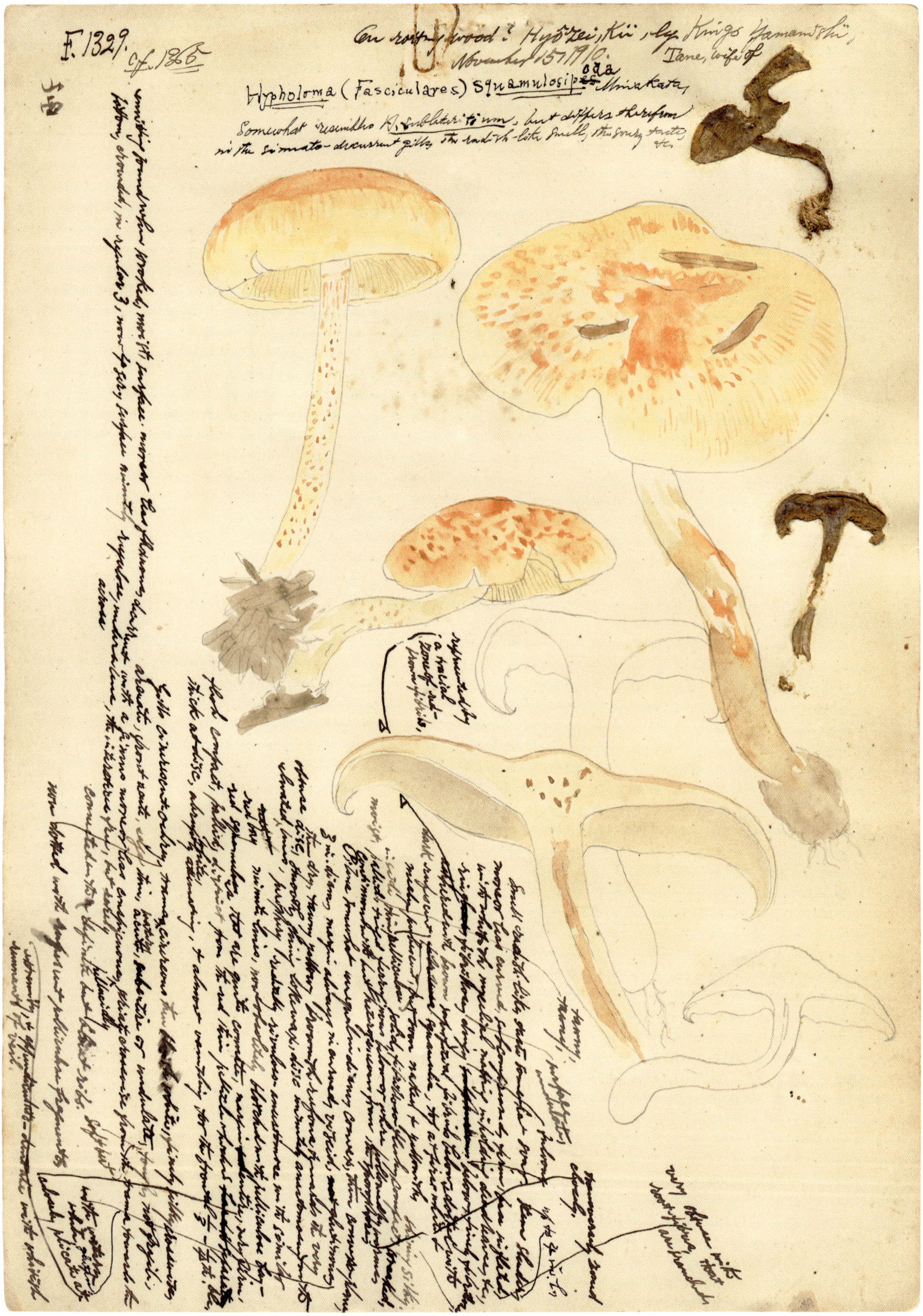

F. 1329 | 1910（明治43）年11月15日、兵生にて腐木に発生し、山西金吾の妻たねによって採集された。熊楠命名のイタチタケ属の新種。

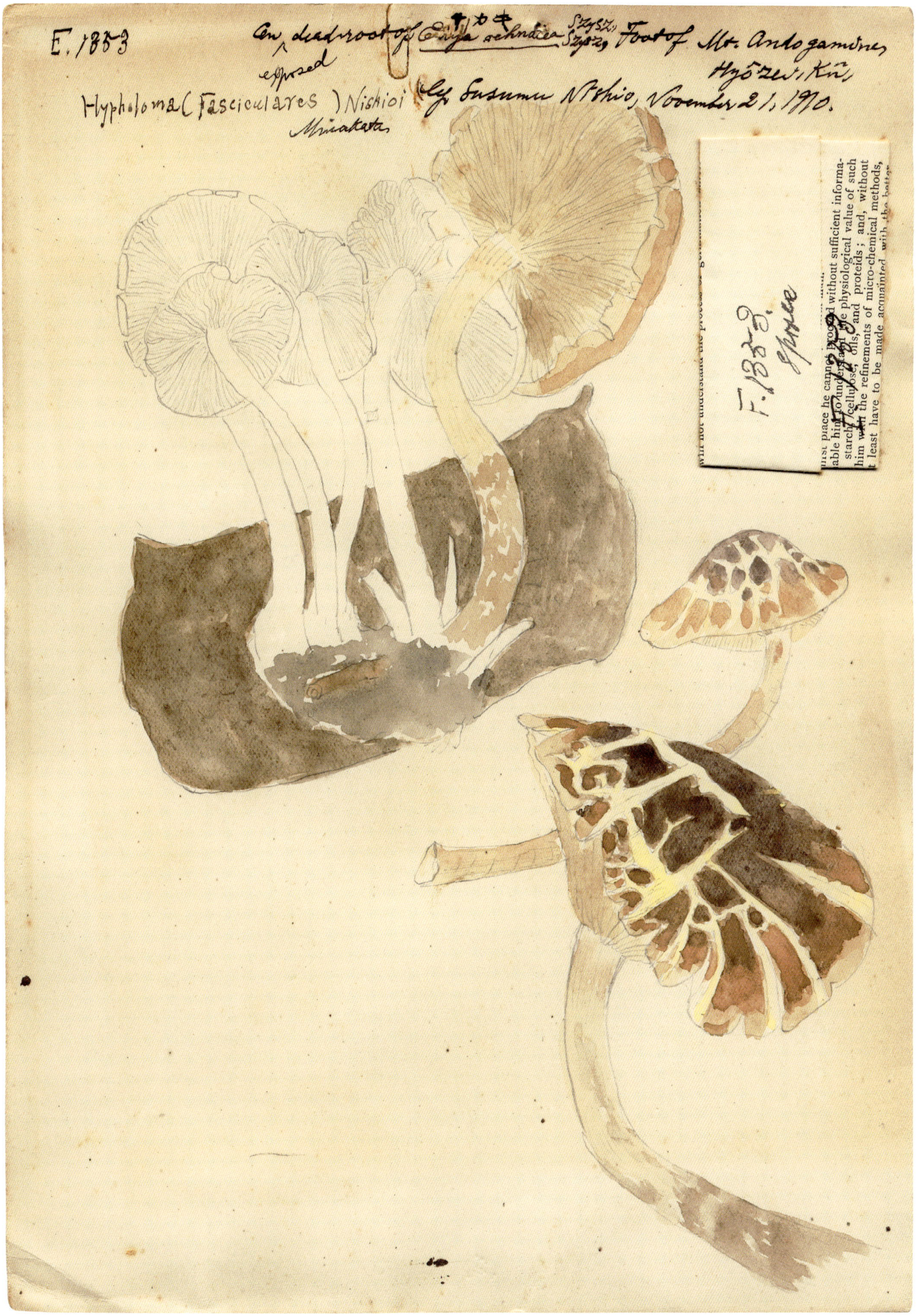

F. 1353　1910（明治43）年11月21日、兵生の安堵峰山麓にてサカキの露出した腐朽根に発生し、西面導によって採集された。熊楠命名のイタチタケ属の新種。熊楠菌類図譜の特徴の一つであるきのこの断面図が欠けていることにお気づきであろうか。断面図は、詳細な英文記載と共に同じF番号の別の図版に描かれている。

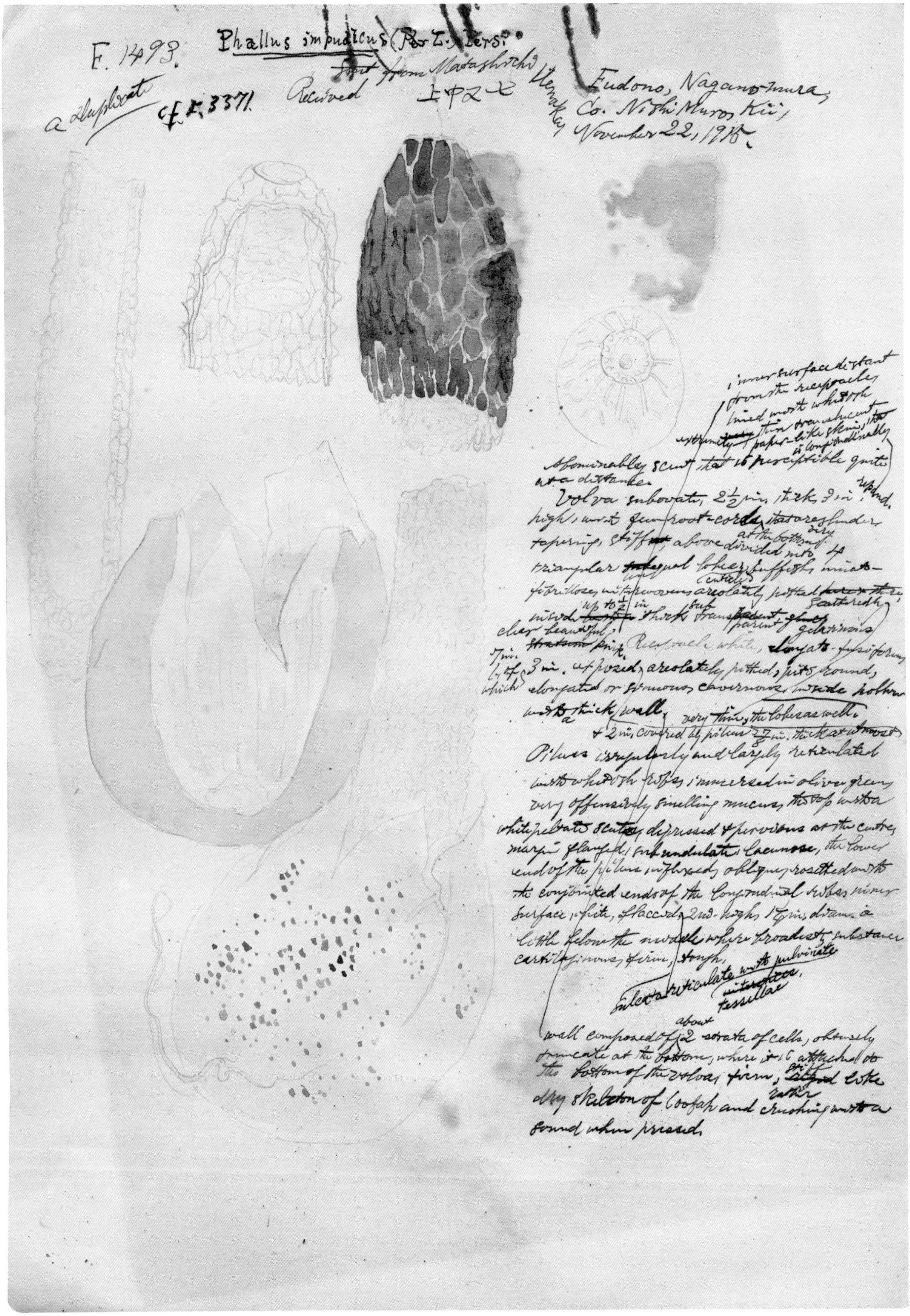

F. 1493　1915（大正4）年11月22日、西牟婁郡長野村伏菟野にて発生したものを、上中又七から受け取った。スッポンタケ。本図版は、筆の特徴から、時期を違えて少なくとも3回記入されている。大部分は採集直後に記されたものであるが、後日に同定された学名が活字体で書かれ、それとの前後関係は不明であるが、墨で「cf. F. 3371」と追加記入された。熊楠が繰り返し図版を見たことが窺える。

F. 1502　1912（大正元）年11月25日、中芳養にて雑木林の落葉の間に発生し、熊楠によって採集された。熊楠命名のフウセンタケ属の新種。

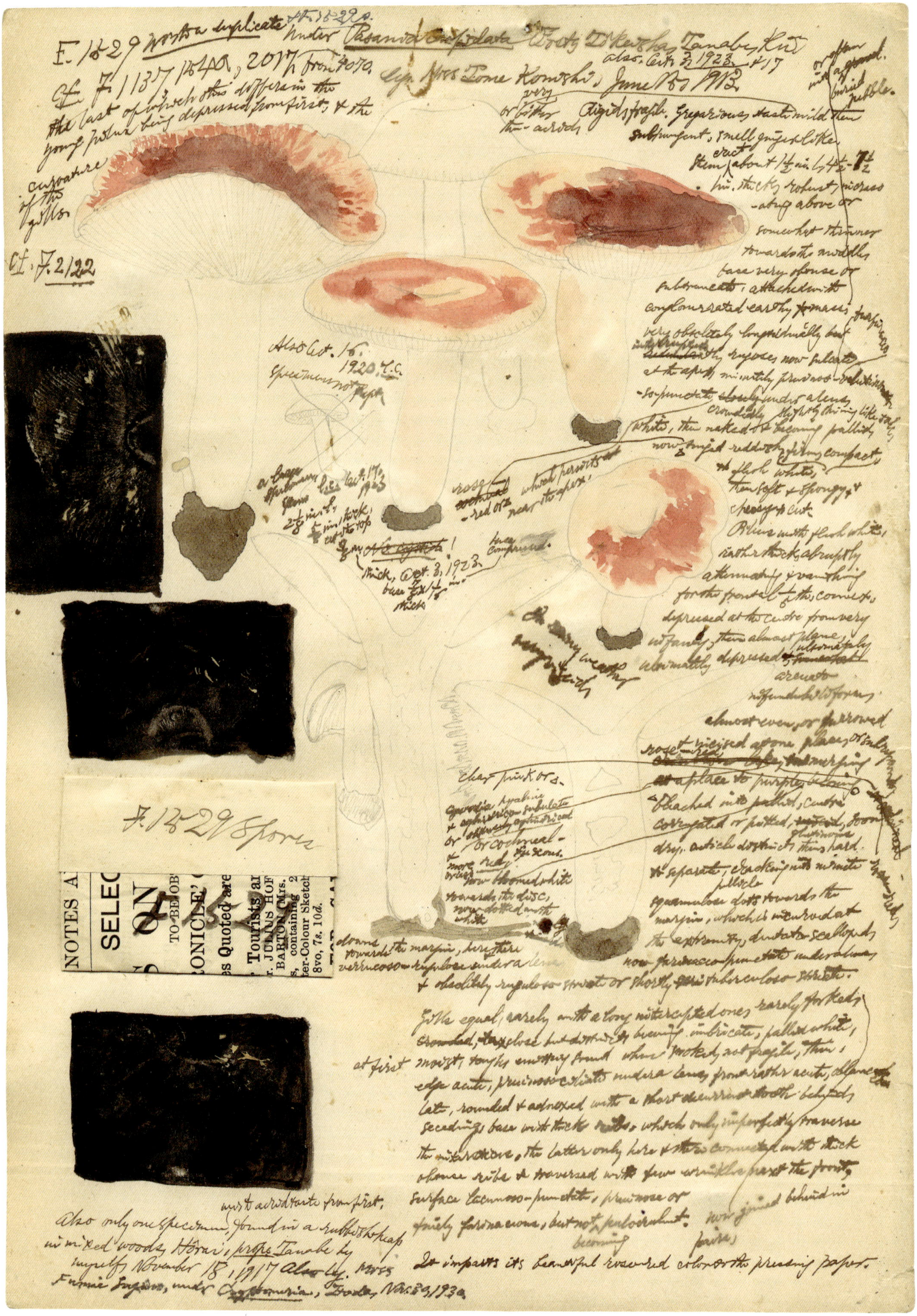

F. 1529　1913（大正2）年6月15日、田辺にて闘雞社のツブラジイの下に発生し、小西とめ嬢によって採集された。未同定のきのこ。しかし、1941年に再び採集され、ベニタケ属の新種として採集者の樫山まつの夫人との連名で命名されている。採集者の樫山まつのは、熊楠の植物調査の協力者であり、「きのこ四天王」の一人でもある樫山嘉一の奥さんである。

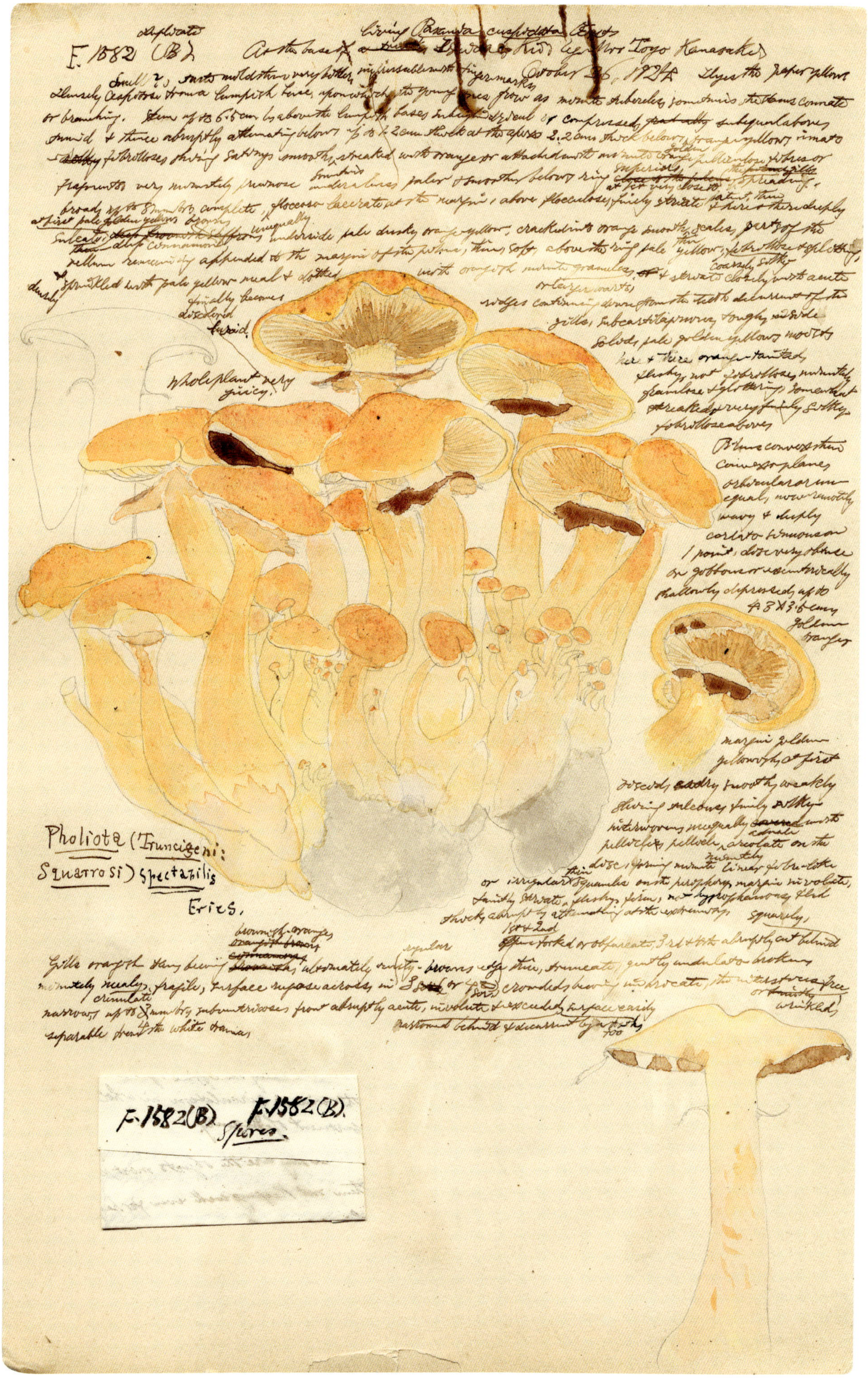

F. 1582　1924（大正13）年10月26日、伊作田にてツブラジイの下に発生し、金崎とよ夫人によって採集された。オオワライタケ。採集者の金崎とよは、熊楠が1929年に昭和天皇へ進講をした時に着たフロックコートを仕立て直した職人金崎宇吉の奥さんである。金崎家は南方邸の裏続きにあり、息子の元年少年もきのこ採集に協力し、熊楠の大好物のアンパンをお礼にもらったという。

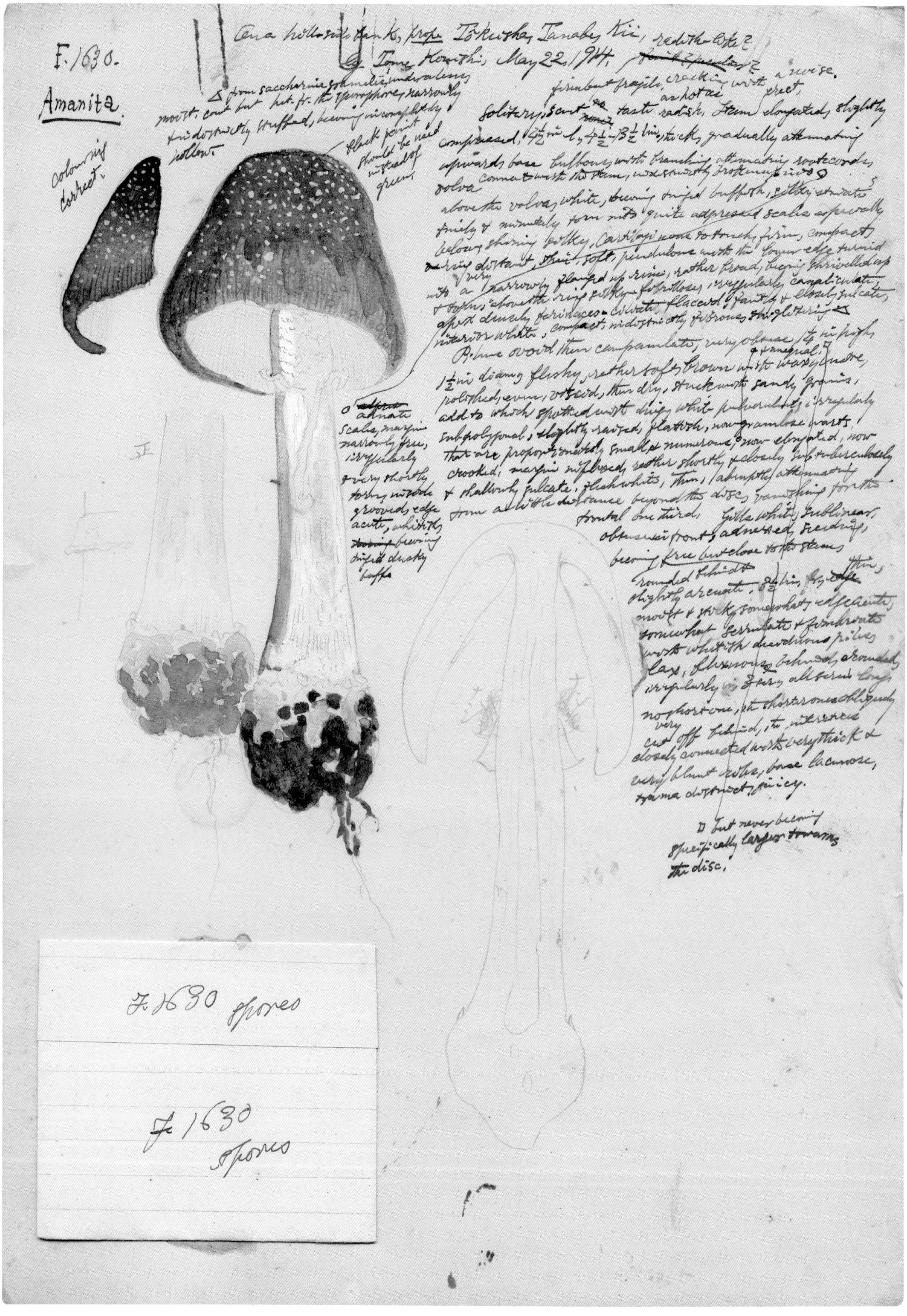

F. 1630 | 1914（大正3）年5月22日、田辺にて闘雞社付近の丘の斜面に発生し、小西とめによって採集された。テングタケの仲間。

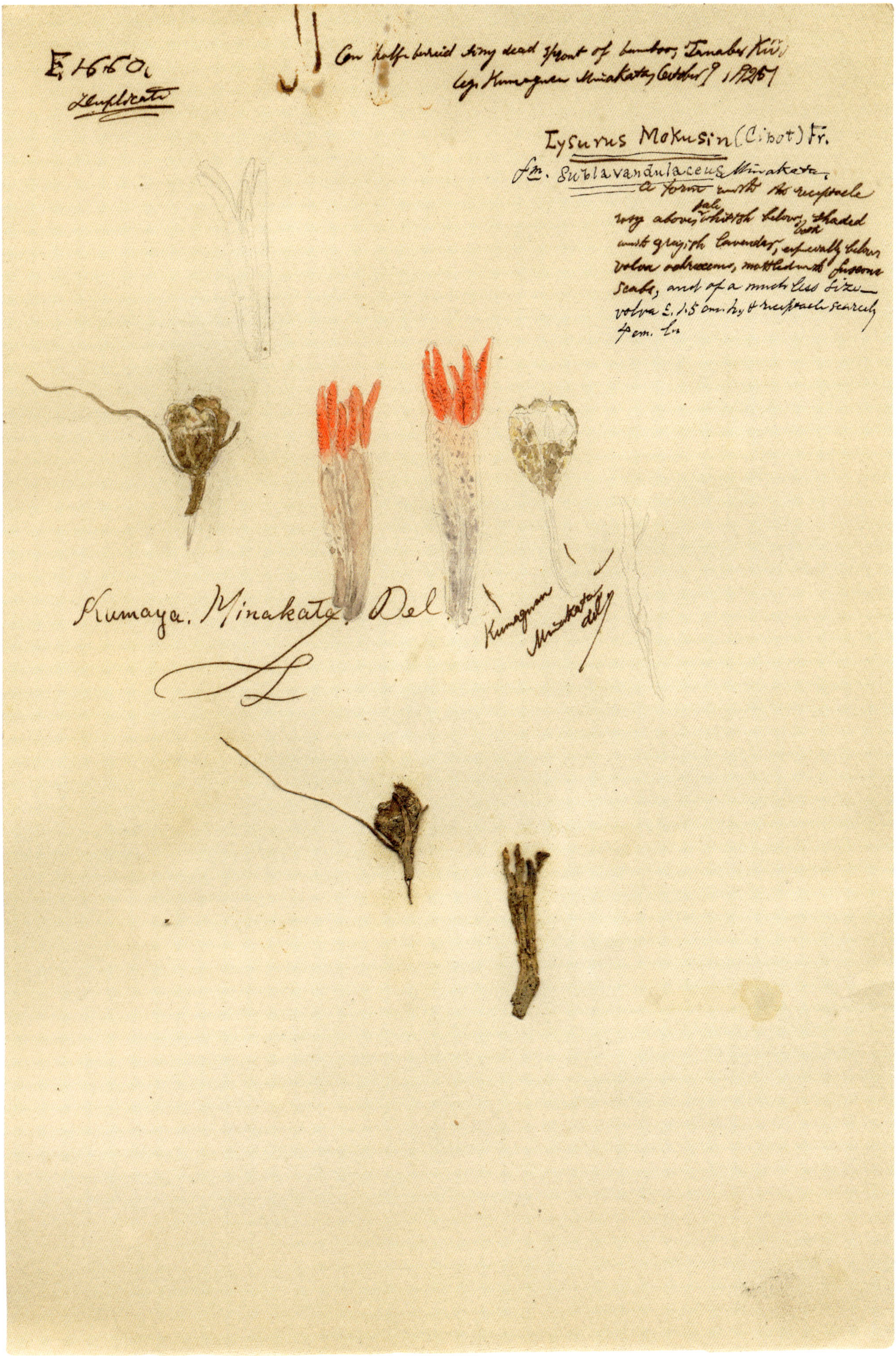

F. 1660　1925（大正14）年10月9日、田辺にて半分埋もれて腐った小さなタケノコに発生し、熊楠によって採集された。熊楠命名のツマミタケの新品種。右図は熊楠が描き、左図は18歳になった息子の熊弥が描いた。熊楠は、幼い頃から画才も発揮した熊弥にきのこ研究の後継者として期待した。しかし、それは後述する不幸のために夢に終わることとなる。

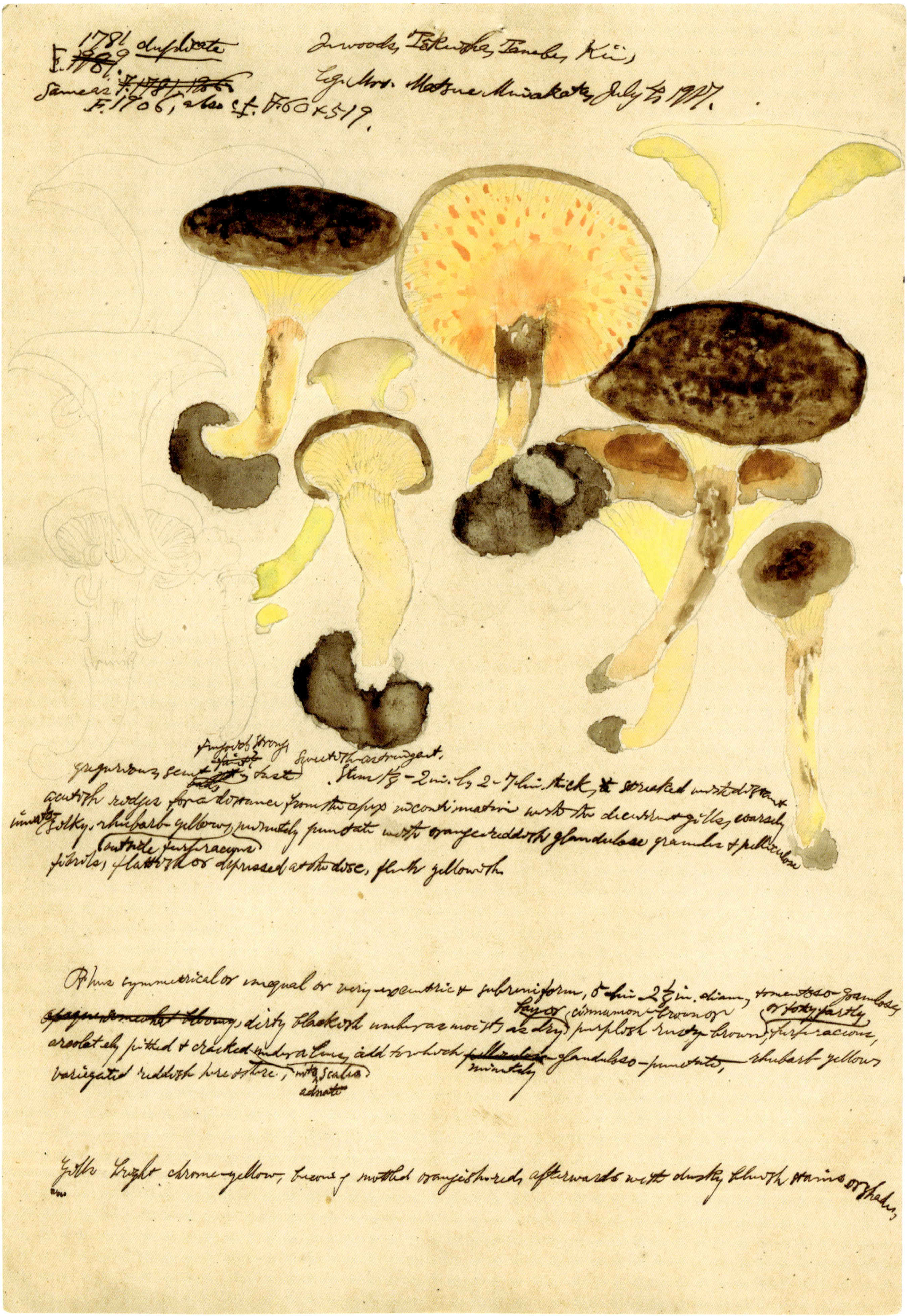

F. 1781　1917（大正6）年7月4日、田辺にて闘雞社の林に発生し、南方松枝夫人によって採集された。熊楠命名のヒダハタケ属の新種。

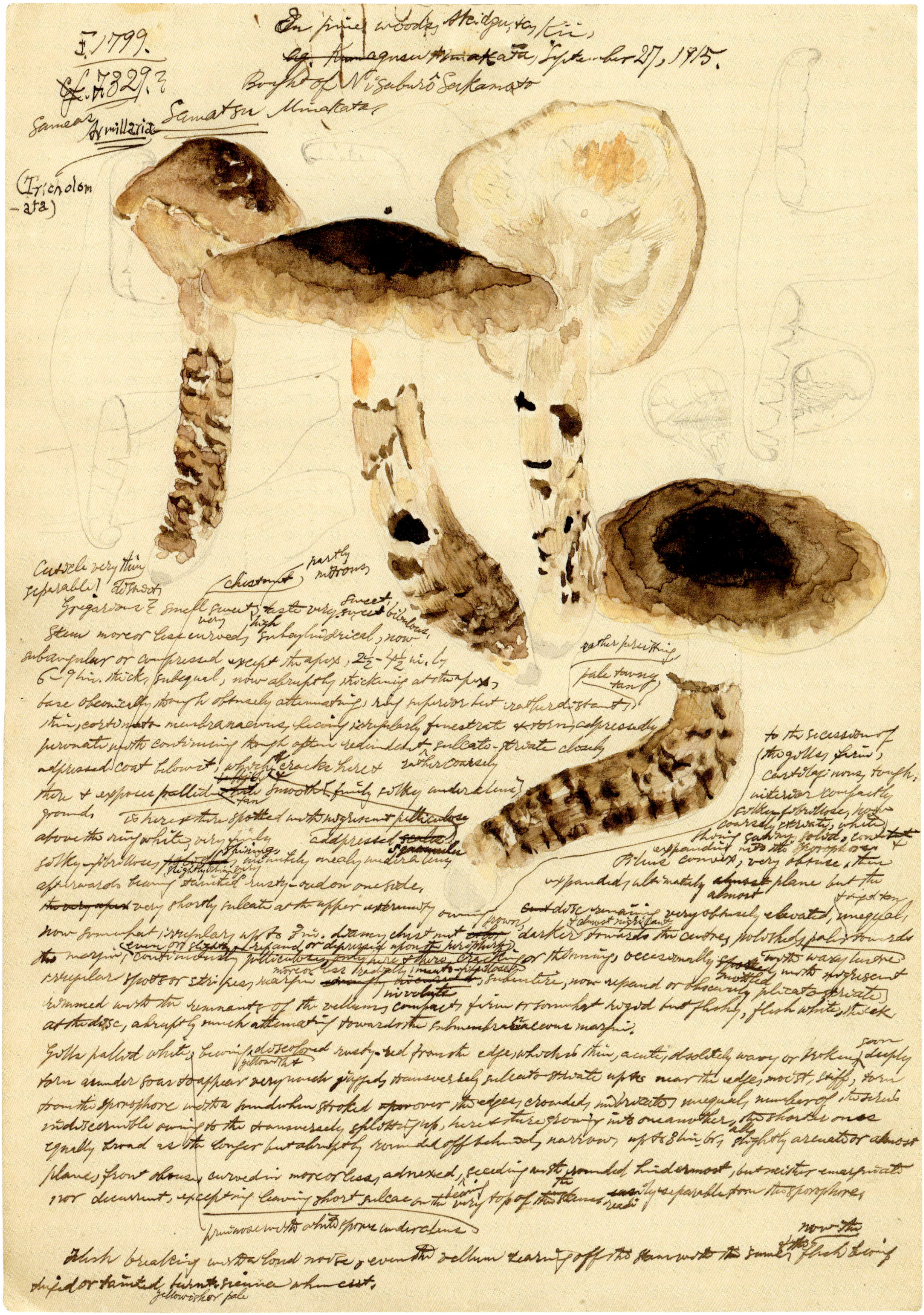

F. 1799　1915（大正4）年9月27日、愛宕山のマツ林に発生したものを、坂本仁三郎から購入した。熊楠命名のナラタケ属の新種。熊楠日記によれば、「夜坂本仁三郎ヨリ今日買シサマツ（松茸ニ似テ茎細シ）記画ス、終レバ十二時過也」とあり、この1枚を仕上げるのに3〜5時間かかったことがわかる。

F. 1804　1915（大正4）年10月1日、田辺にて闘雞社付近の丘の斜面にある大豆畑の露地に発生し、南方松枝夫人によって採集された。未同定のホウキタケの仲間。

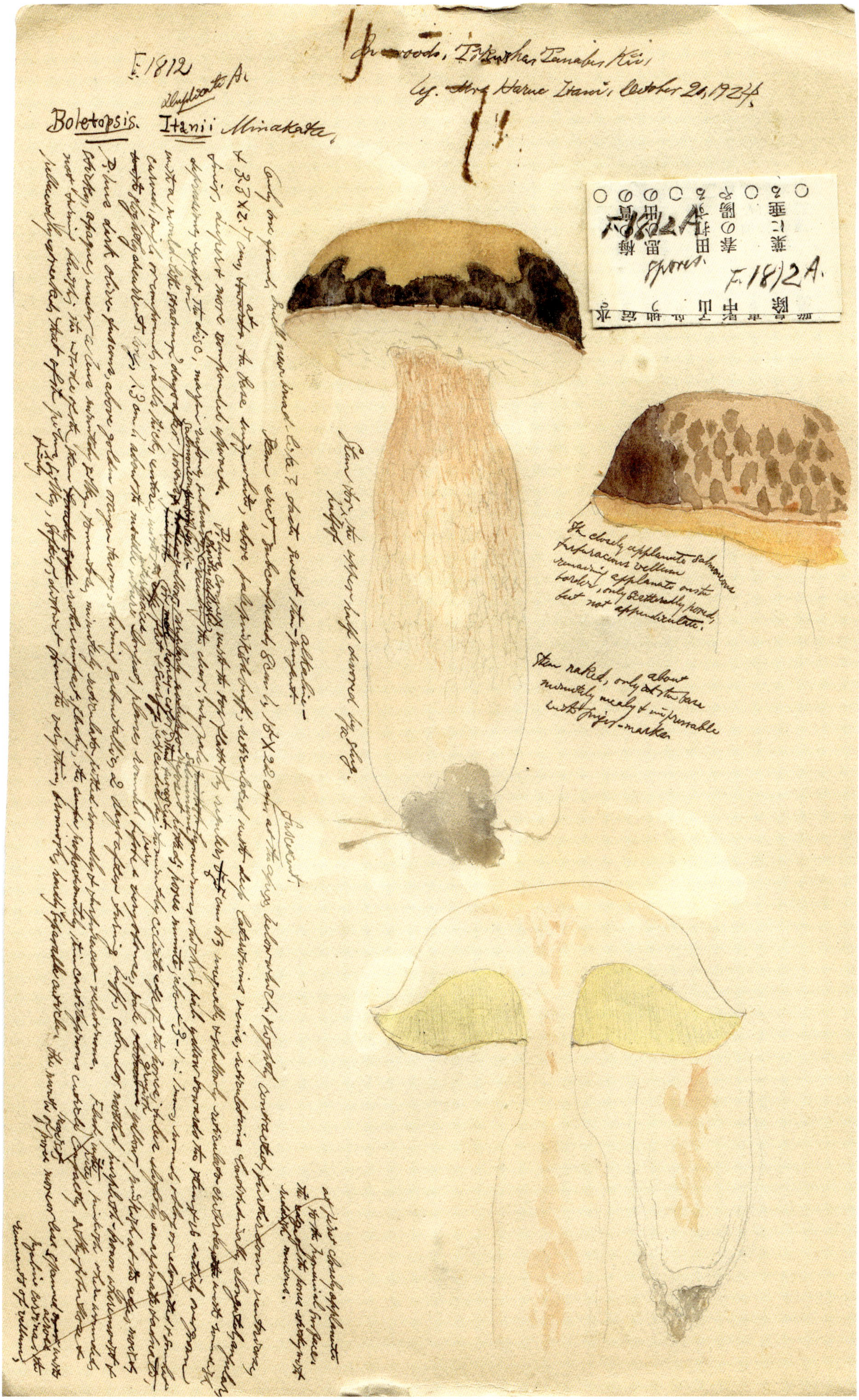

F. 1812　1924（大正13）年10月20日、田辺にて闘雞社の林に発生し、井潤春枝夫人によって採集された。熊楠命名のクロカワ属の新種。採集者の井潤春枝は、近所の奥さんである。多くの図譜に名前が残されており、熊楠の良き協力者であったようだ。熊楠は、この新種のきのこの名前を「Itanii」とし、感謝の気持ちを表した。

F. 1814　1915（大正4）年10月18日、田辺にて草付の堤防に発生し、山内いよ嬢によって採集された。熊楠命名のフウセンタケ属の新種。採集者の山内いよは、1915年9月3日から南方家で奉公を始めたお手伝いさんである。

F. 1869.
In sake cellar
of Hidesaburô
Hara, Tanabe, Kii; found
& dried in November, and
presented to me by his
employee,
December 10, 1915.
Figured, painted, &
described, February
6, 1916.
About 8/10 X
About 4/5 X.
Cross
section
of the bases

F. 1869　1915（大正4）年12月10日、11月に田辺のはらひでさぶろう宅の酒倉に発生したものを乾燥させて彼の雇い人が熊楠に持参した。未同定のきのこ。彩色と記載は、翌1916年2月6日に行われている。もう1枚の同じF番号の図版は記載のみであり、この異様な大形きのこの実物標本は所在が不明である。

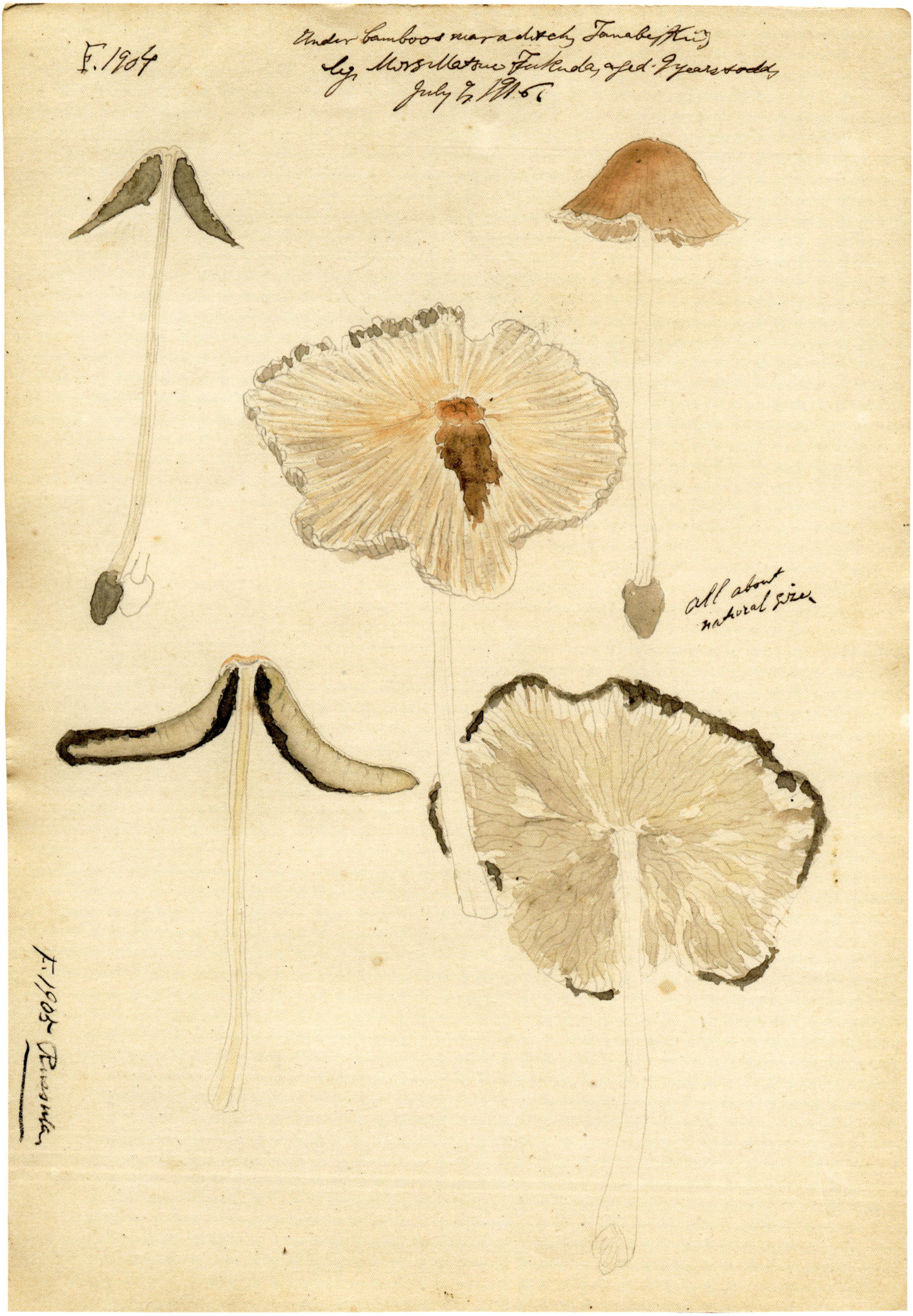

F. 1904　1916（大正5）年7月9日、田辺にて水路付近の竹林に発生し、9歳の福田松枝嬢によって採集された。熊楠命名のナヨタケ属の新種。採集者の福田松枝は、同じ年の息子熊弥の仲良しで、よく南方家へ遊びに来ていた。熊楠の長かった欧米生活の習慣からか、「Miss」と付けているのがほほえましく感じる。

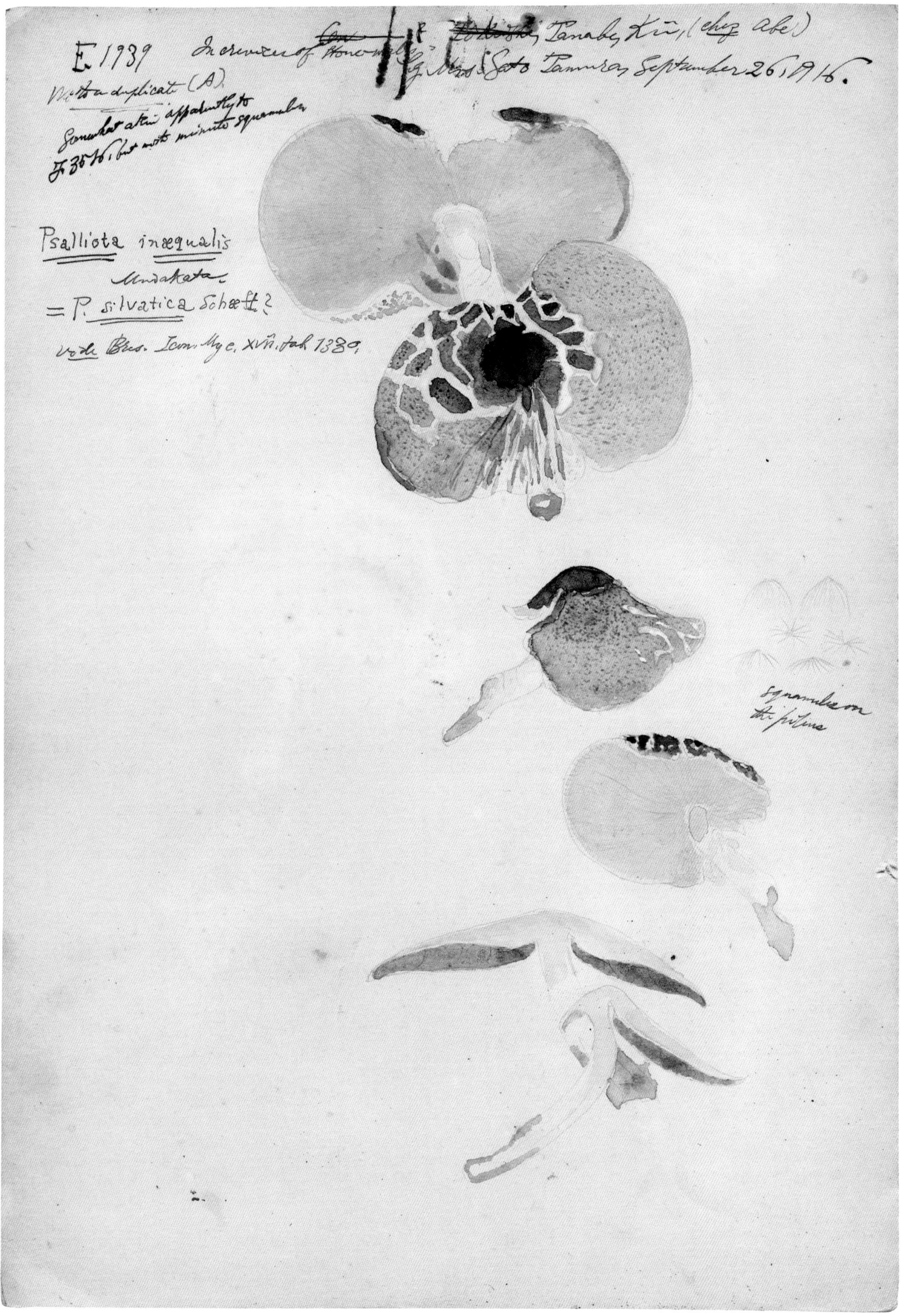

F. 1939　1916（大正5）年9月26日、田辺にて闘雞社の石壁の割れ目に発生し、田村さと夫人によって採集された。熊楠命名のハラタケ属の新種。採集者の田村さとは、闘雞社宮司田村宗造の妻、すなわち熊楠の妻松枝の母である。

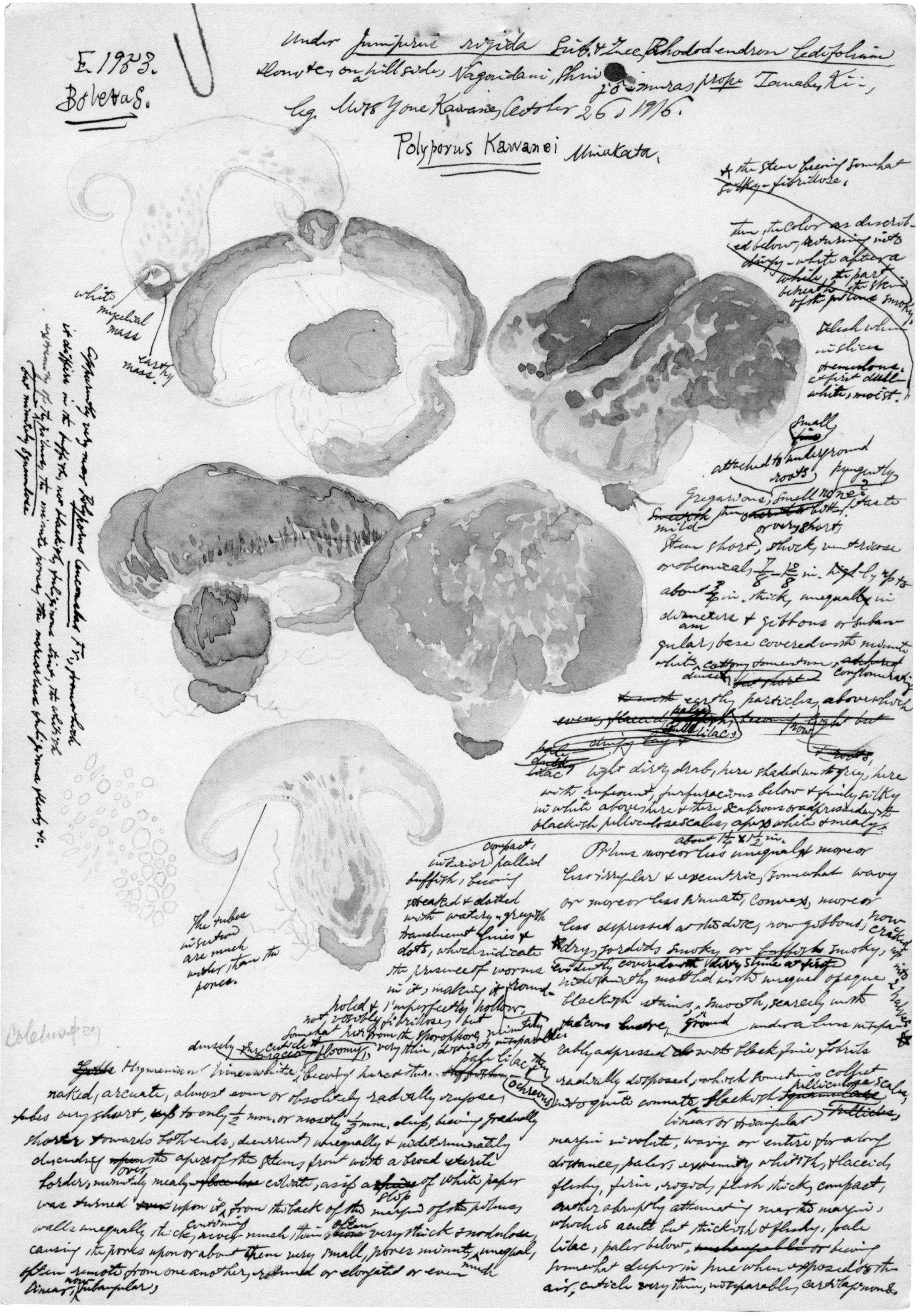

F. 1953　1916（大正5）年10月26日、田辺近郊の新庄村長井谷にて斜面の雑木林に発生し、川根よね嬢によって採集された。熊楠命名のタマチョレイタケ属の新種。採集者の川根よねは、1916年8月23日から南方家へ奉公に来た16歳のお手伝いさんである。

F. 1978　1917（大正6）年5月26日、西ノ谷にてヤブツバキの生長中の果皮を変形させたものを、榎本良吉によって採集された。ツバキモチビョウキン？　本図集では、熊楠がきのこ以外の菌類にも目を向けていたことを理解していただくため、きのこ以外の図版を3枚取り上げている。

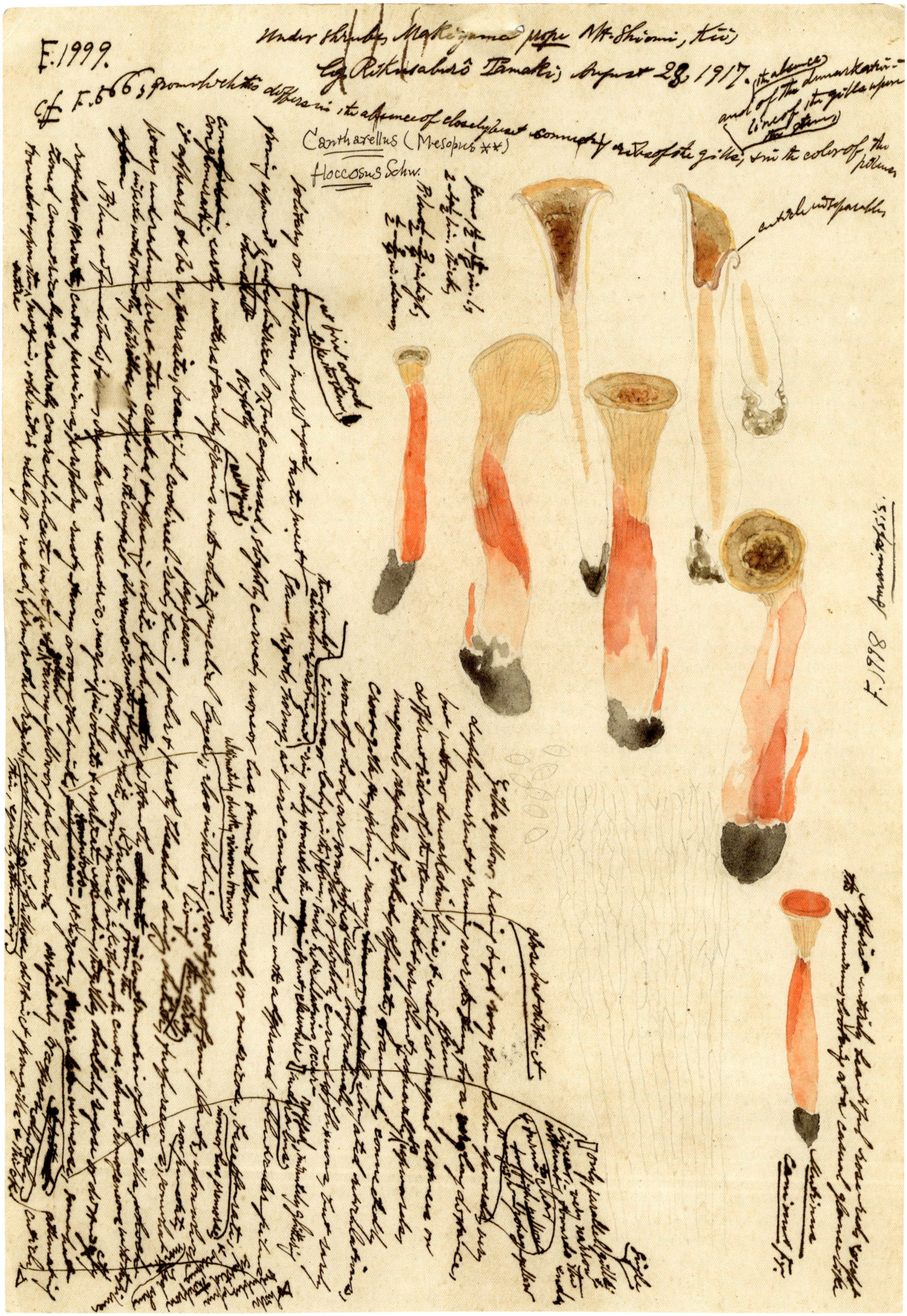

F. 1999　1917（大正6）年8月28日、潮見峠付近の槙山にて茂みに発生し、玉置陸二郎によって採集された。ウスタケ。採集者の「Rikusaburô」は、標本が貼付されている同じF番号の図版には「Rikujirô」と書かれている。この日の熊楠日記には「陸二郎」とあり、「Rikujirô」が正しいことがわかった。記憶力の強い熊楠には珍しいことかも知れない。

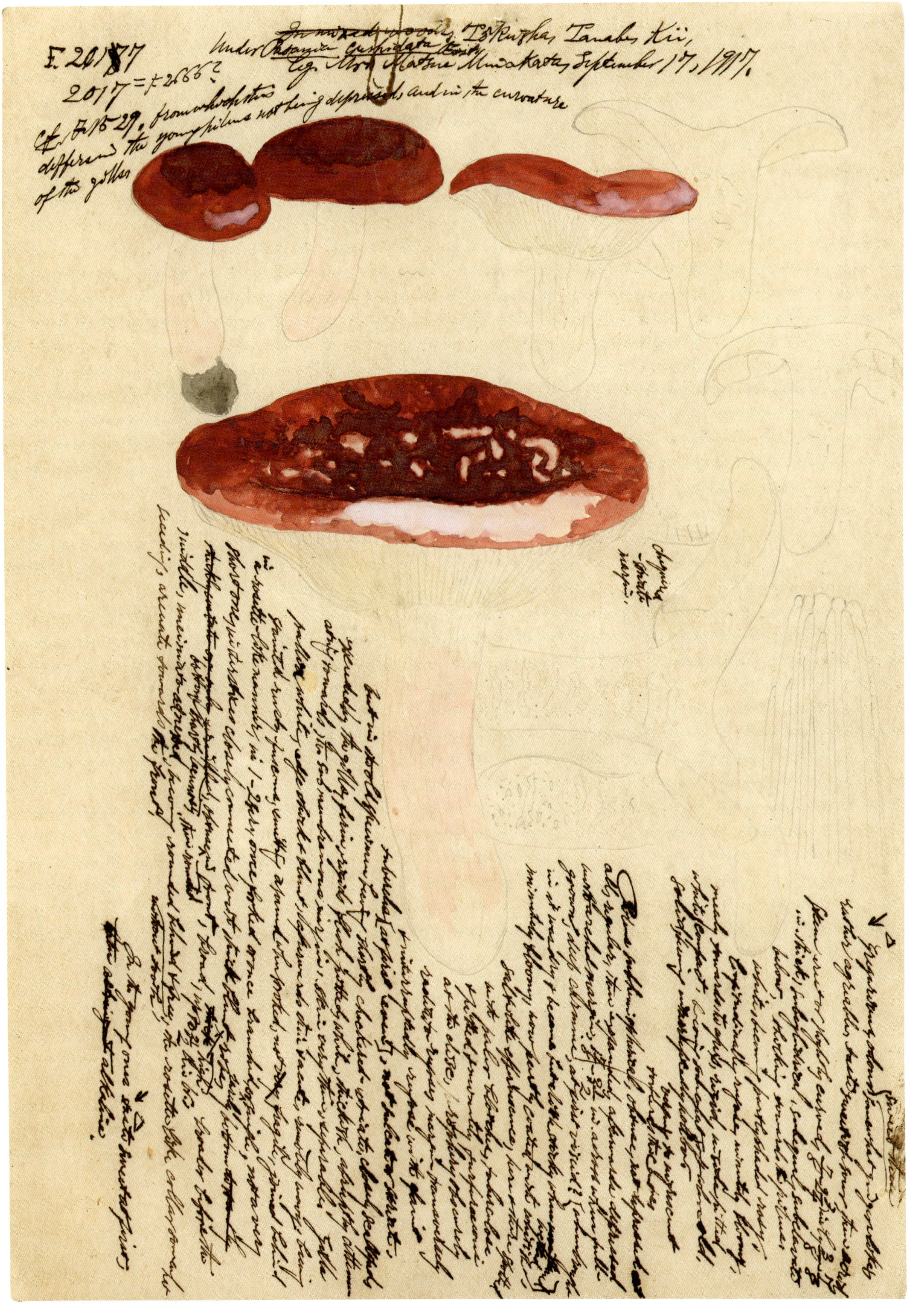
F. 2017
2017 = F. 2666?
Tsukisha, Tanabe, Kii,
Leg. Mrs. Matsue Minakata, September 17, 1917.
cf. F. 1529, from which this differs in the young pileus not being depressed, and in the curvature of the gills

F. 2017　1917（大正6）年9月17日、田辺にて闘雞社のツブラジイの下に発生し、南方松枝夫人によって採集された。未同定のきのこ。しかし、「cf. F. 1529」とあるその図版が熊楠命名のベニタケ属の新種であることから、ベニタケ属の一種であることは間違いないだろう。

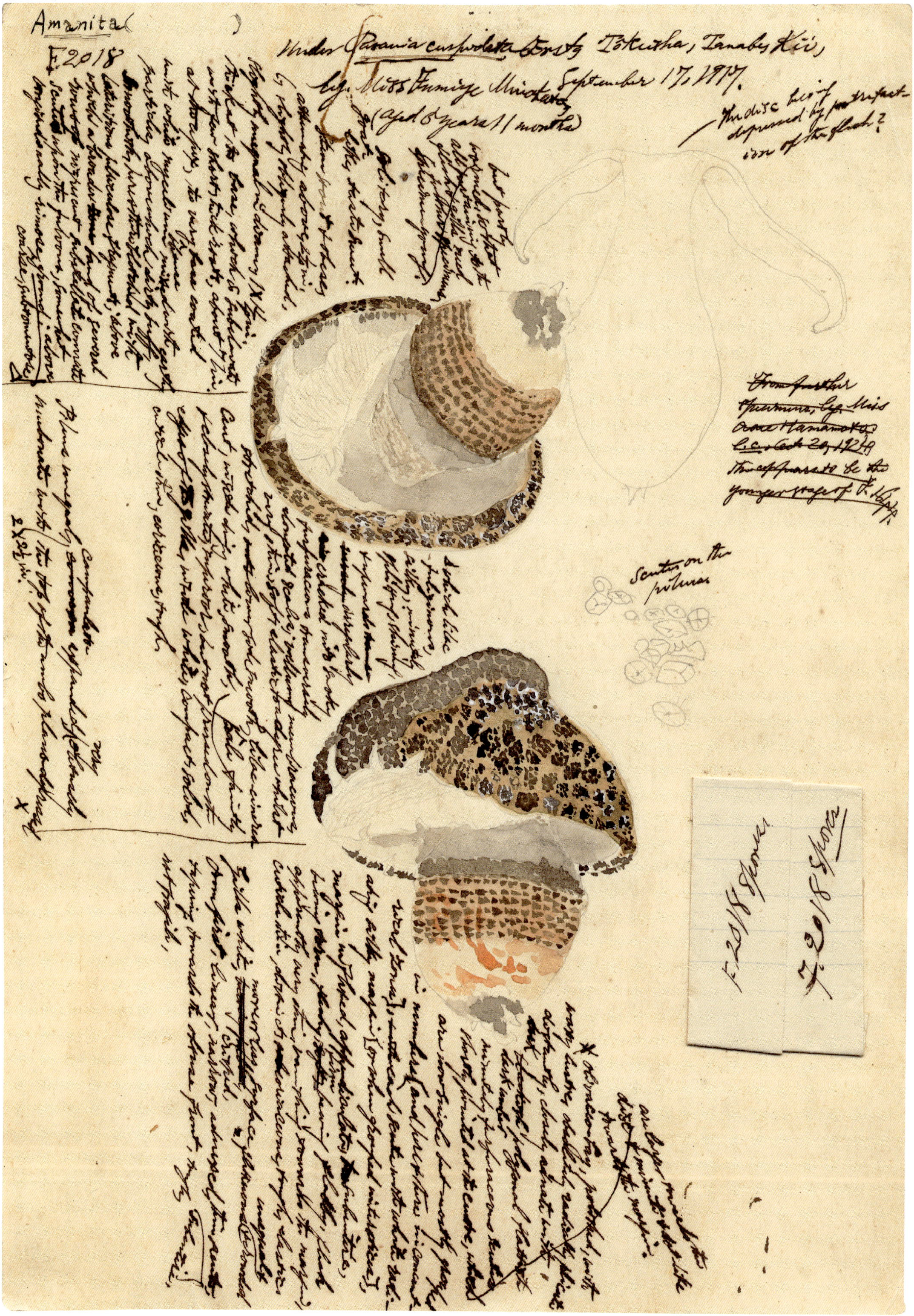

F. 2018　1917（大正6）年9月17日、田辺にて闘雞社のツブラジイの下に発生し、南方文枝嬢（5歳11ヶ月）によって採集された。テングタケの仲間。前の図版と同じ9月17日に同じ場所で、娘文枝が採集したきのこである。松枝夫人は、熊楠の研究を邪魔しないようにと気を配り、幼い子供2人を近所の神社、寺、浜などへよく連れ出した。

F. 2074 1917（大正6）年11月24日、田辺近郊の蓬莱にて丘の斜面のコシダの下に発生し、熊楠によって採集された。熊楠命名のキシメジ属の新種。

F. 2116　1918（大正7）年8月7日、田辺にて空洞の出来たギョリュウの腐朽切り株の地際部に発生し、南方熊弥によって採集された。熊楠命名のウラベニガサ属の新種。本図版は、熊楠菌類図譜の中ではきわめて異色だ。胞子が顕微鏡を使って描かれ、その大きさが測定されているからである。日記からわかったことであるが、熊楠はこの年に顕微鏡と描画装置（カメラルシダ）の使用に熱中していた。

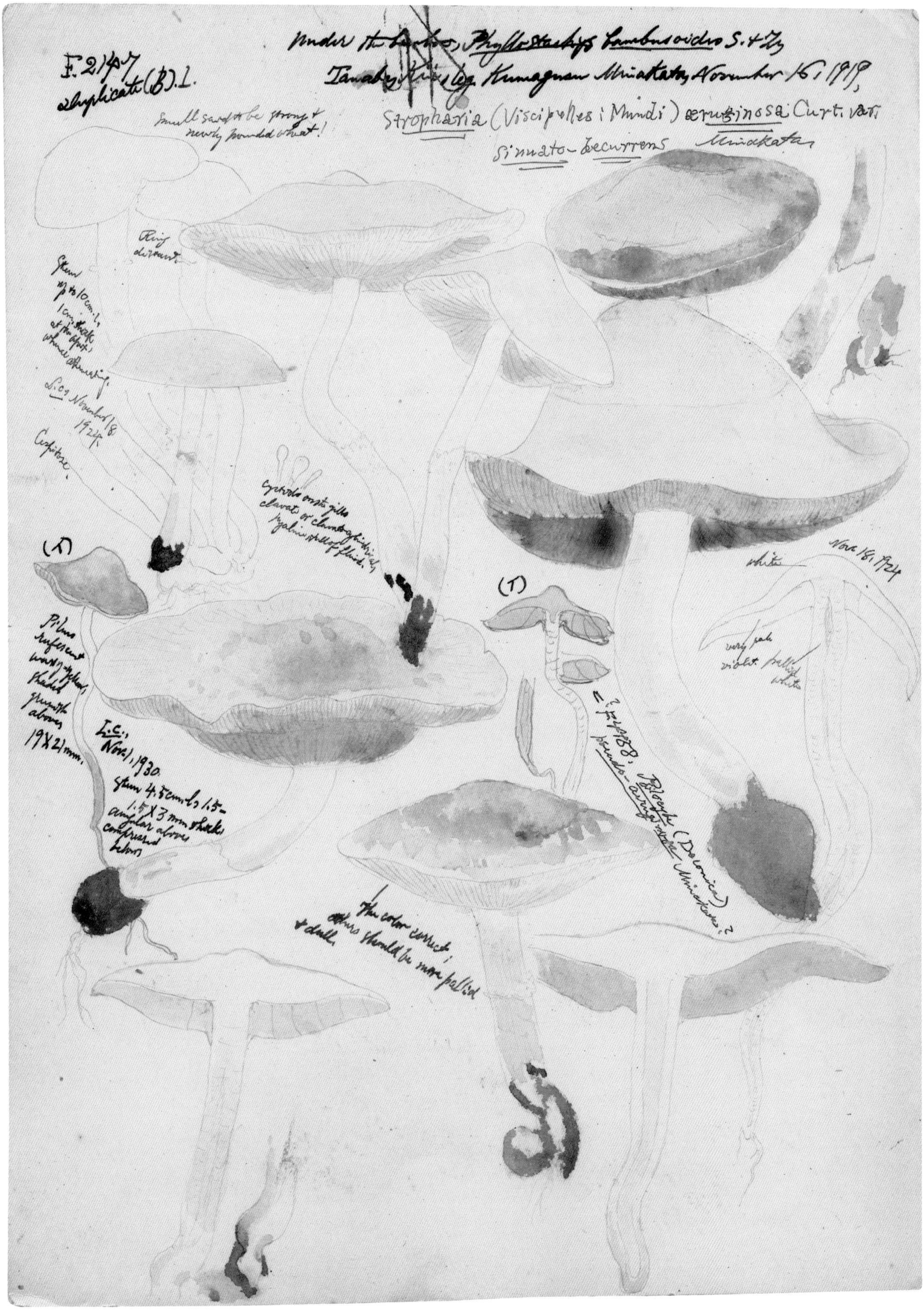

F. 2147 1919（大正8）年11月16日、田辺にてマダケの下に発生し、熊楠によって採集された。熊楠命名のモエギタケの新変種。熊楠は、この年の3月にライツ社の顕微鏡を350円で購入した。しかし、1919年に作成した本図版と次の3枚には顕微鏡を使って描いた図は見られない。前年の顕微鏡熱は冷めてしまったようだ。

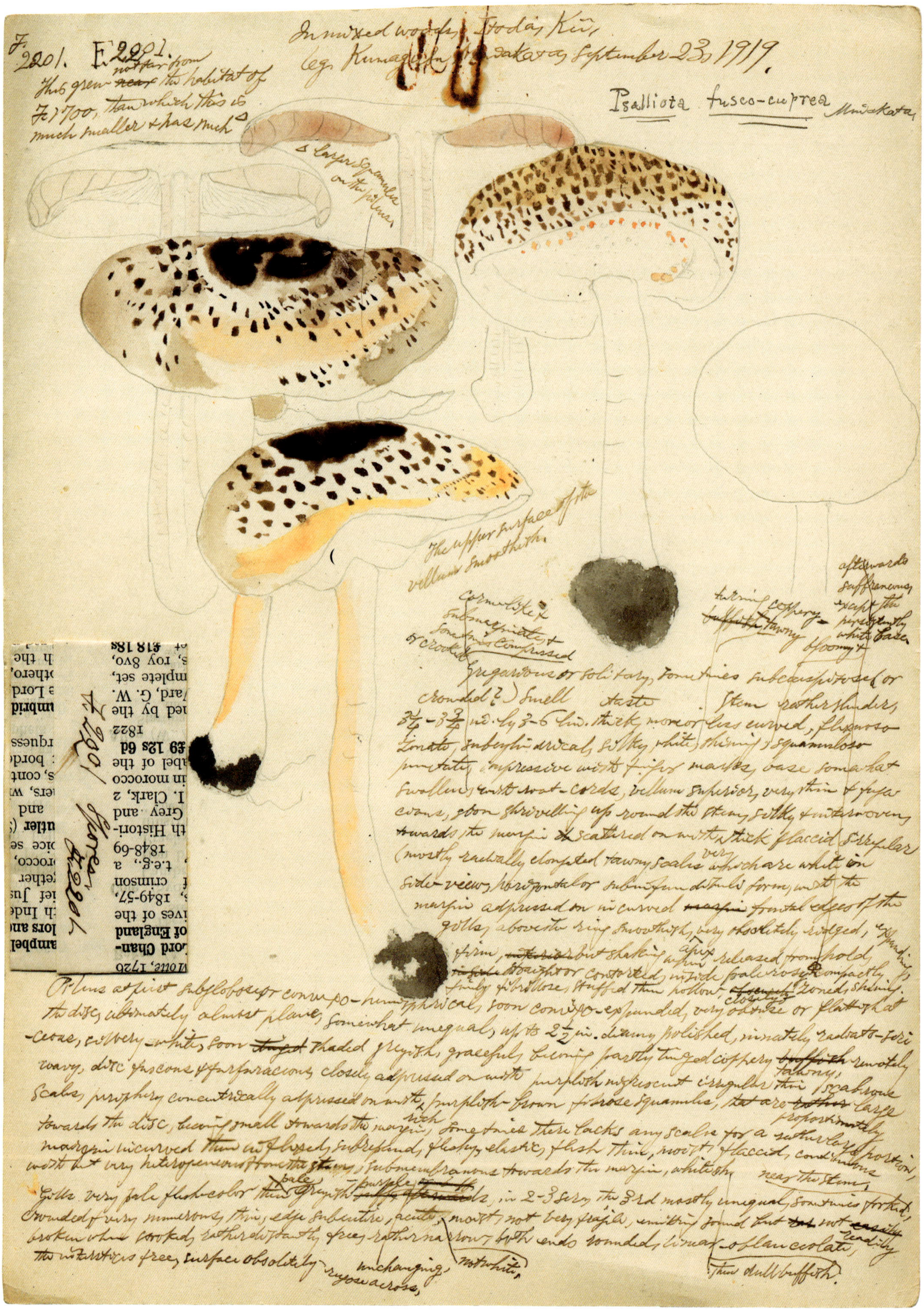

F. 2201　1919（大正8）年9月23日、糸田にて雑木林に発生し、熊楠によって採集された。
熊楠命名のハラタケ属の新種。

F. 2236 1919（大正8）年11月16日、田辺にて闘雞社のササの間に発生し、南方松枝夫人によって採集された。
熊楠命名のフウセンタケ属の新種。

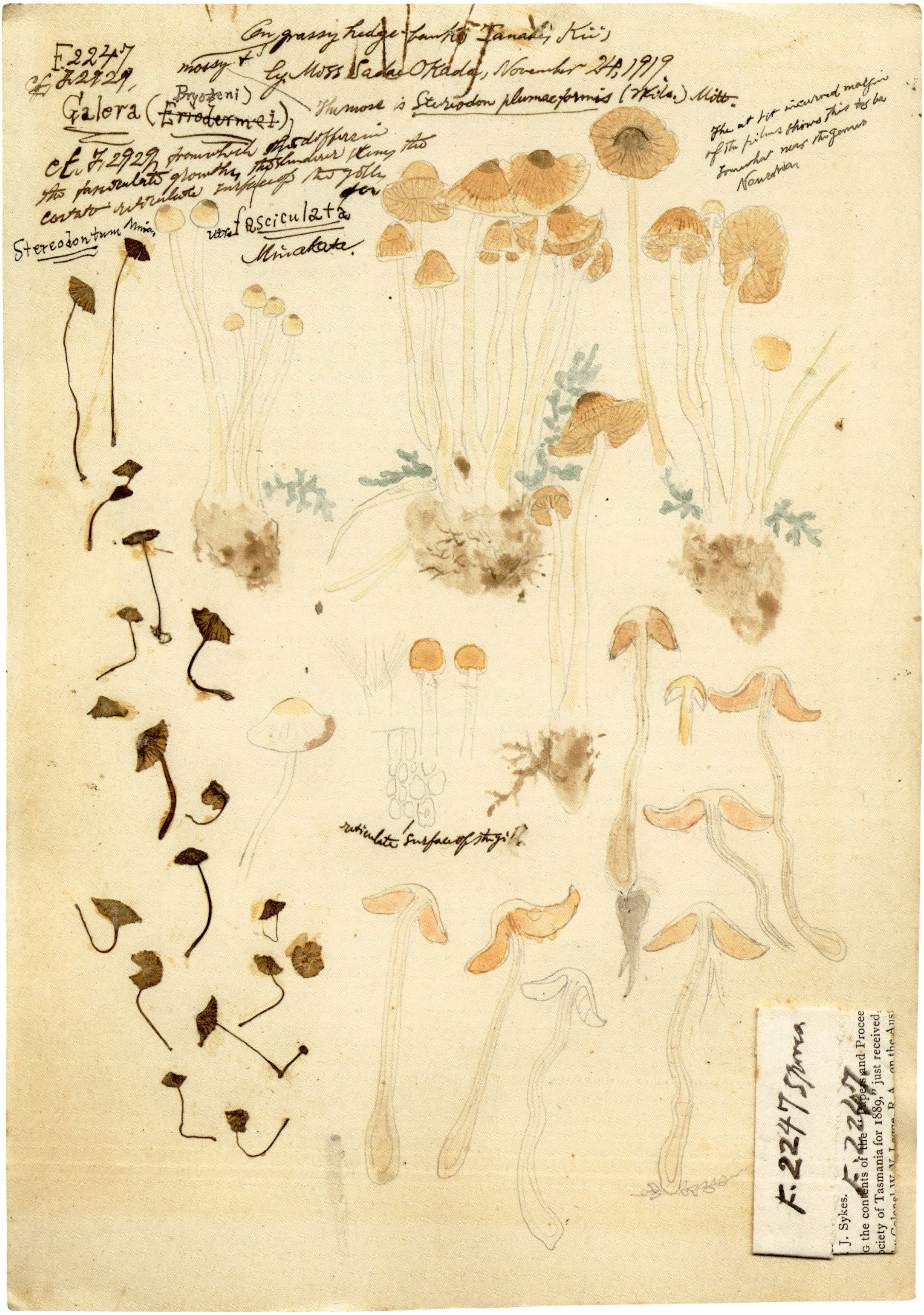
F.2247
On grassy hedge-banks Tanabe, Kii,
by Miss Sadae Okada, November 24, 1919
Galera (Bryozeni)
The moss is Stereodon plumaeformis (Wils.) Mitt.
var. fasciculata
Minakata.
F.2247
J. Sykes.
the contents of the “Papers and Procee
ciety of Tasmania for 1889,” just received.

F. 2247　1919（大正8）年11月24日、田辺にて垣根の苔と草の生えた盛り土に発生し、岡田定枝嬢によって採集された。熊楠命名のコガサタケ属の新変種。採集者の岡田定枝は、1919年9月2日に雇われたお手伝いさんで、熊楠日記には「岡田貞」ともある。

F. 2267 A. with B.
Received from Arinobu Masuda
May 30 1920.
When kept in alcohol it turns darker & greyish, colouring the spirits dusky rufous like the tincture of Sarsaparilla.

F. 2267　1920（大正9）年5月30日、海草郡内海村にて発生し、松本虎楠によって採集されたものを、増田有信から受け取った。未同定のきのこ。スッポンタケの仲間のようである。

F. 2329　1920（大正9）年8月27日、高野山にてツガとヒノキの土手に発生し、川島友吉によって採集された。熊楠と川島の連名で命名されたチチタケ属の新種。採集者の川島友吉は、田辺の三奇人の一人と言われた日本画家（号は草堂）で、田辺に居を構えた熊楠の植物採集を助け、高野山の第一回植物調査に同行した。本図版は、川島によって彩色されている。

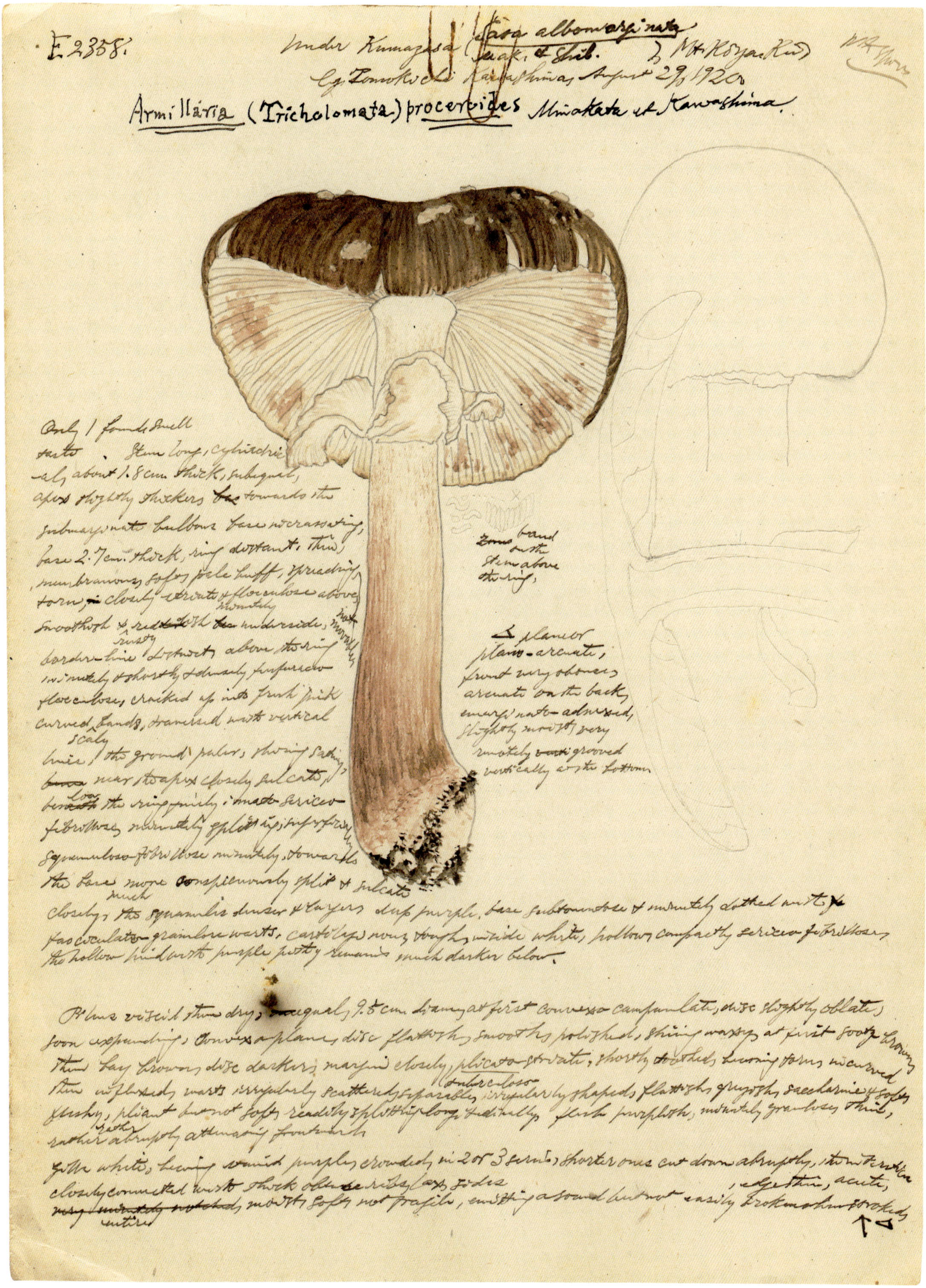

F. 2358　1920（大正9）年8月29日、高野山にてクマザサの下に発生し、川島友吉によって採集された。熊楠と川島の連名で命名されたナラタケ属の新種。本図版は、前図版と同じ高野山旅行の時に作成されたものである。比較すると、熊楠の彩色方法の特徴がわかりそうだ。

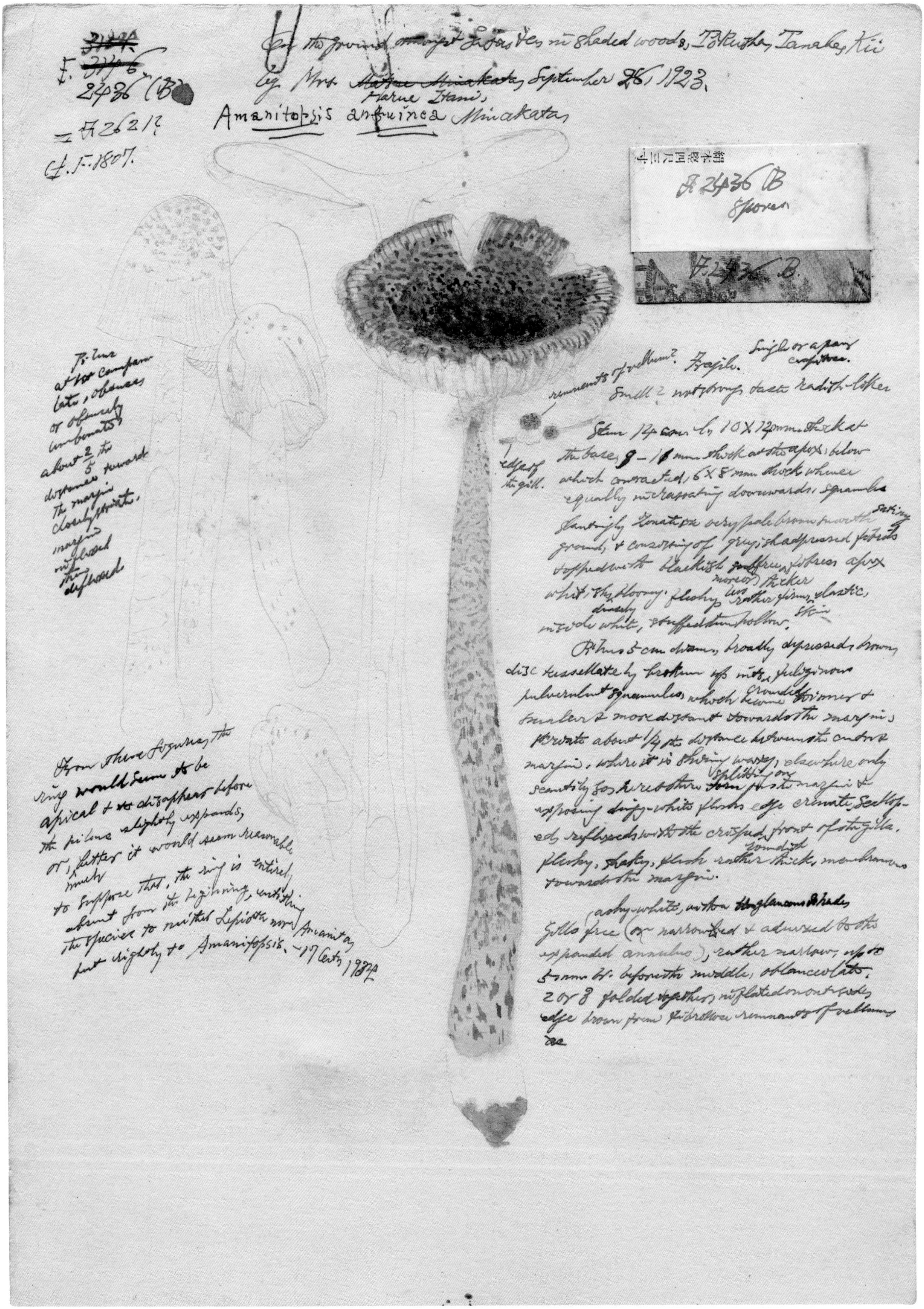

F. 2436 | 1923（大正12）年9月28日、田辺にて闘雞社の林のササなどの下に発生し、
井潤春枝夫人によって採集された。熊楠命名のツルタケ属の新種。

F. 2466 | 1920（大正9）年10月31日、糸田にてタブノキの腐った幹に発生し、熊楠によって採集された。熊楠命名のクヌギタケ属の新種。熊楠菌類図譜は、1947年に結成されたミナカタ・ソサエティによって整理された。それによると、種数順ではホウライタケ属が141種で最も多く、クヌギタケ属は第3位で107種であった。

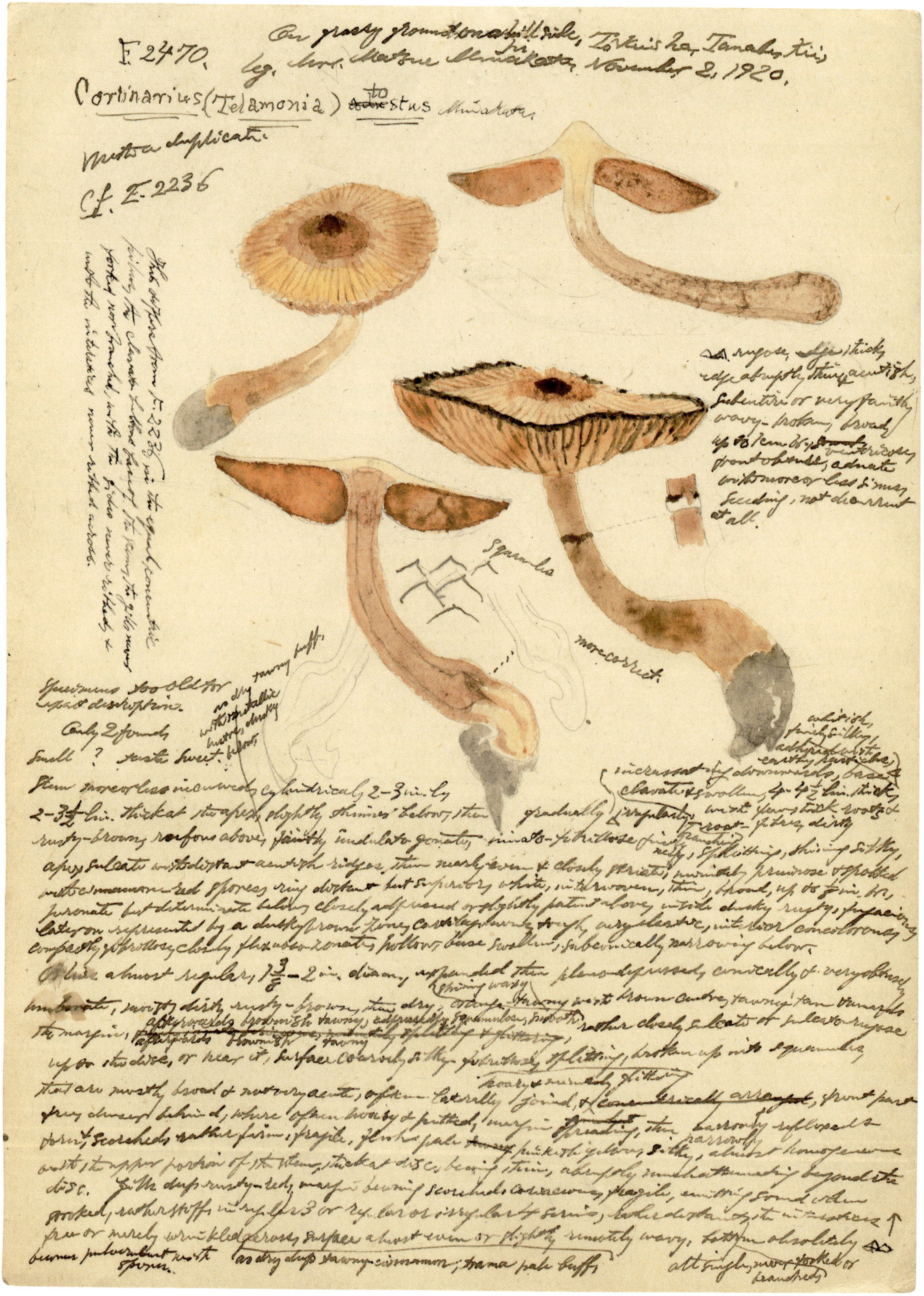

F. 2470　1920（大正9）年11月2日、田辺にて闘雞社の丘の斜面の草地に発生し、南方松枝夫人によって採集された。熊楠命名のフウセンタケ属の新種。フウセンタケ属は、熊楠菌類図譜の種数順では第2位で117種が描画されている。フウセンタケ属のきのこは一般に大形で見栄えが良いため、本図集では多く取り上げられる結果となった。

F. 2477 1920（大正9）年11月5日、田辺にて闘雞社のマツ林のササの間に発生し、
南方松枝夫人によって採集された。熊楠命名のフウセンタケ属の新種。

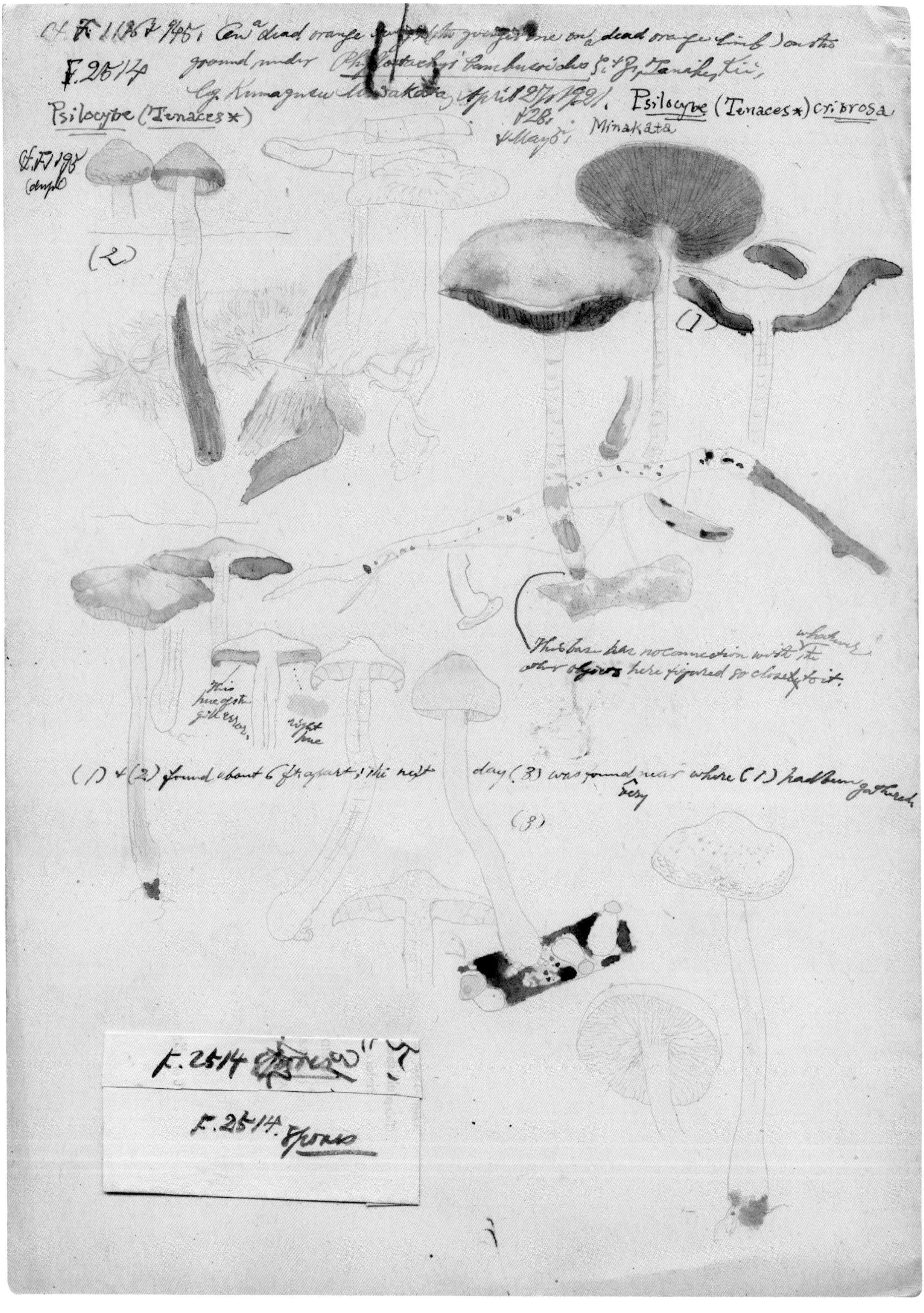
F. 2514
Psilocybe (Tenaces*)
Psilocybe (Tenaces*) cribrosa
Minakata
(2)
(1)
This base has no connection whatever with the other objects here figured so closely to it.
(1) & (2) found about 6 ft. apart; the next day (3) was found very near where (1) had been gathered.
(3)
F. 2514
F. 2514. Spores

F. 2514 | 1921（大正10）年4月27日および28日、田辺にてマダケの下に発生し、熊楠によって採集された。熊楠命名のシビレタケ属の新種。

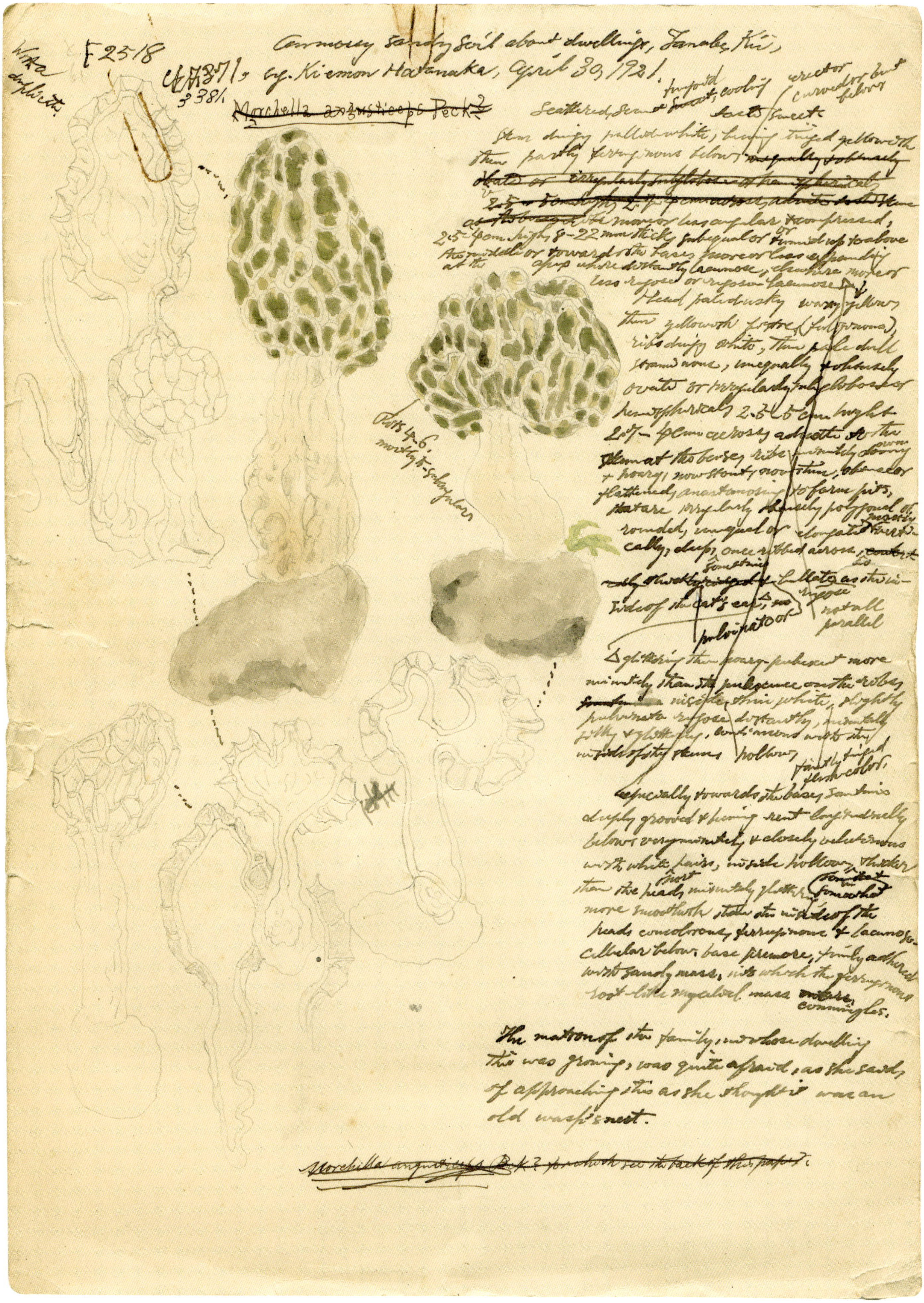
F 2518
On mossy sandy soil about dwellings, Tanabe, Kii,
coll. Kiemon Hatanaka, April 30, 1921.
Morchella angusticeps Peck?
The matron of the family, in whose dwelling
this was growing, was quite afraid, as she said,
of approaching this as she thought it was an
old wasp's nest.

F. 2518　1921（大正10）年4月30日、田辺にて井戸端の苔むした砂地に発生し、畑中喜右エ門によって採集された。アミガサタケ。

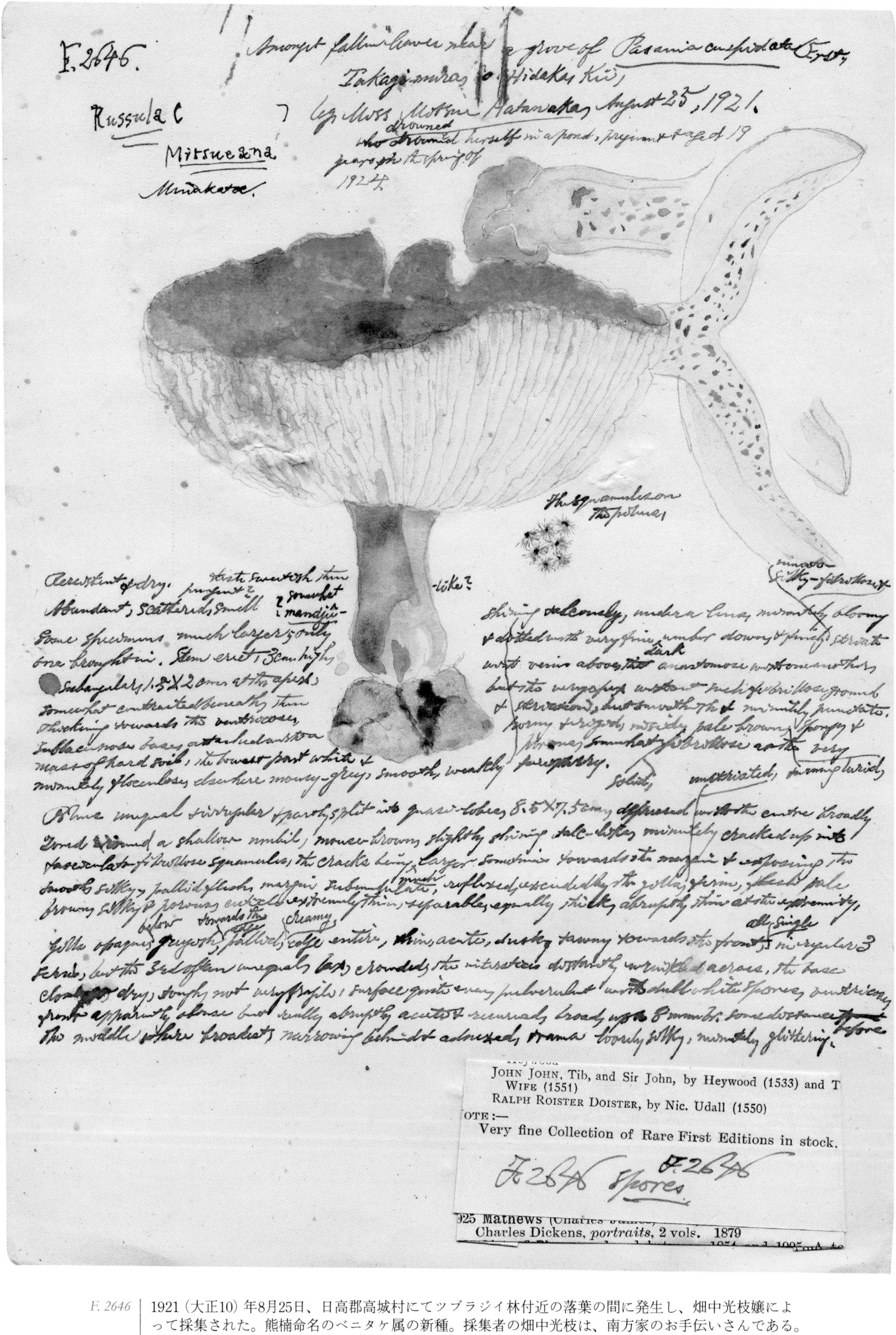

F. 2646　1921（大正10）年8月25日、日高郡高城村にてツブラジイ林付近の落葉の間に発生し、畑中光枝嬢によって採集された。熊楠命名のベニタケ属の新種。採集者の畑中光枝は、南方家のお手伝いさんである。熊楠日記によると、採集した翌日の夕方に受け取った熊楠は、描画と記載をし、「十一時頃松枝起シ、火鉢ニ火起サセ、菌ヲアブ」って乾かし、図版に貼り付けた。

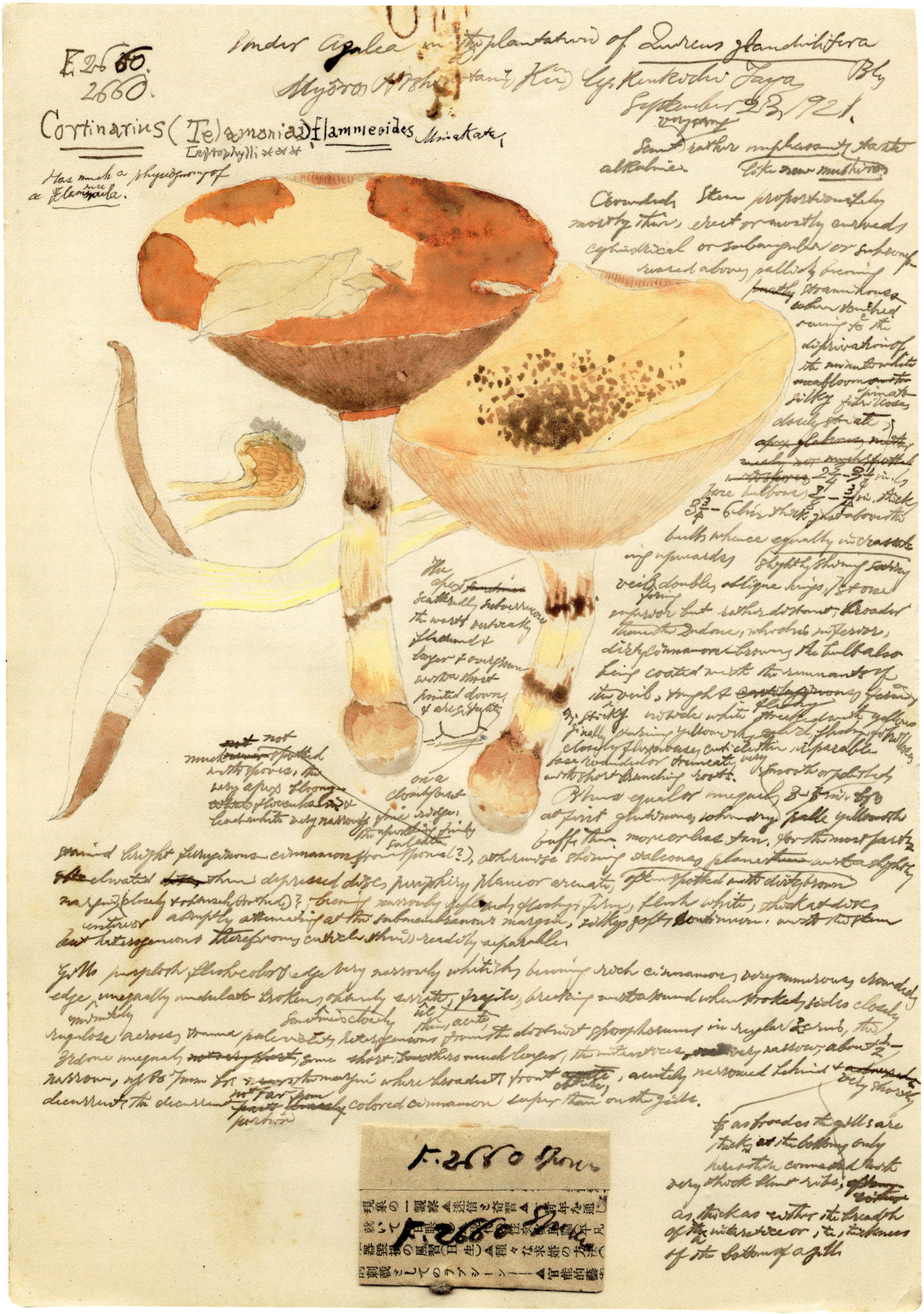

F. 2660　1921（大正10）年9月23日、西ノ谷の三四六（みよろ）にてコナラ林のツツジの下に発生し、多屋謙吉によって採集された。熊楠命名のフウセンタケ属の新種。

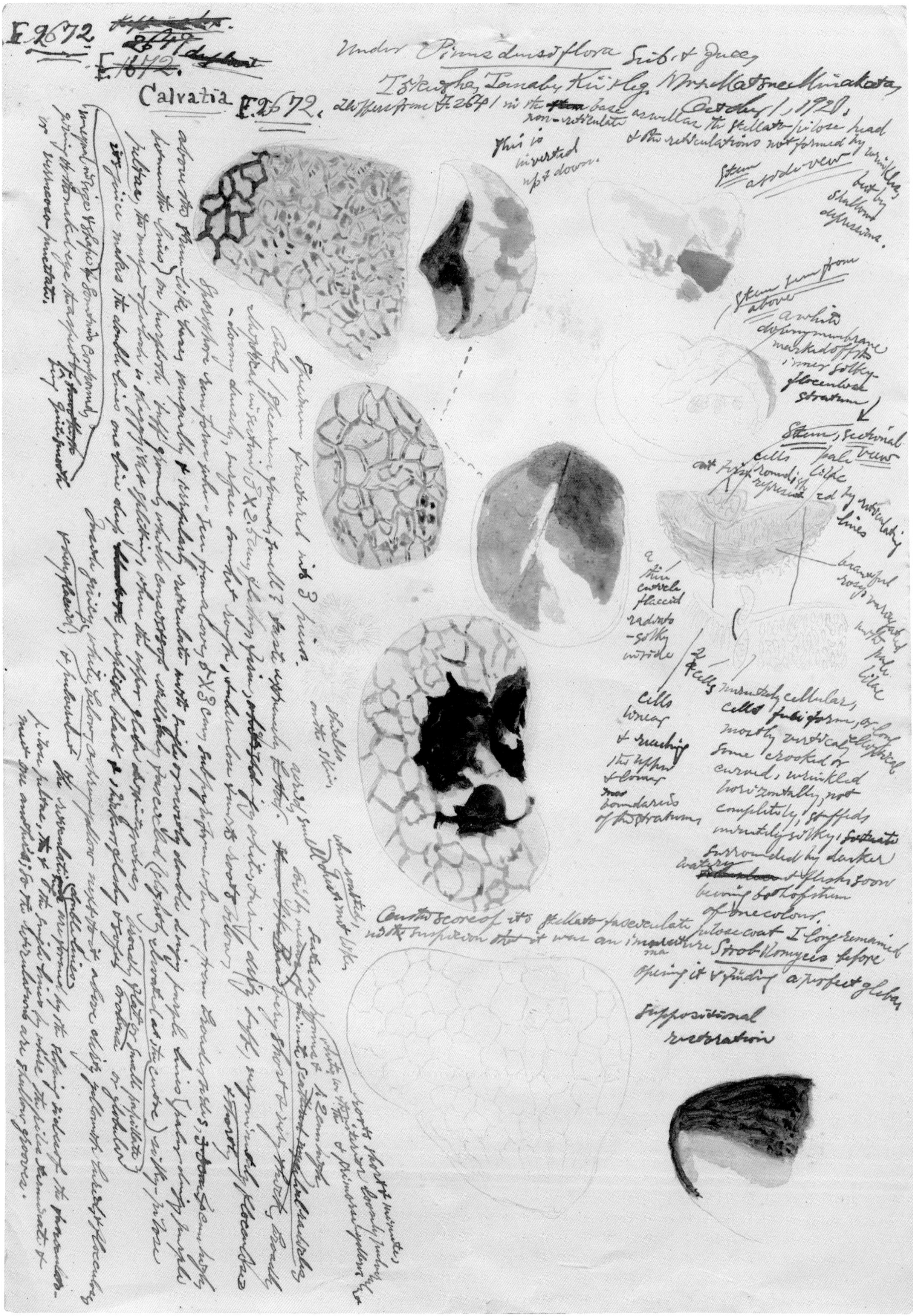

F. 2672　1920（大正9）年10月1日、田辺にて闘雞社のアカマツの下に発生し、南方松枝夫人によって採集された。未同定のノウタケ属のきのこ。ノウタケ属のような袋状のきのこは、腹菌類と呼ばれている。熊楠が腹菌類に深い関心を持っていたことは書簡から知られており、多くの標本が残されている。

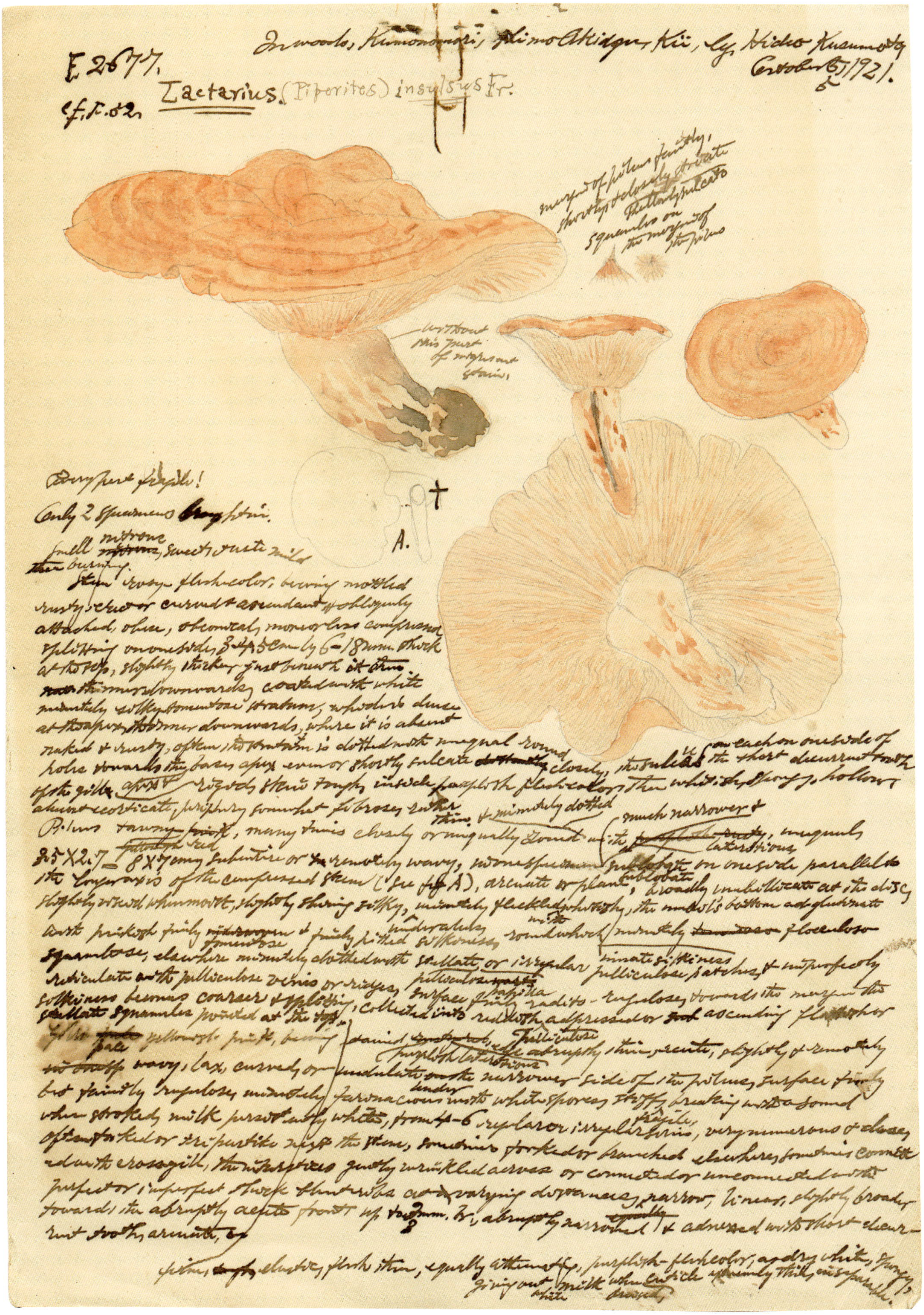

F. 2677　1921（大正10）年10月5日、下秋津の雲ノ森にて発生し、
楠本秀男によって採集された。カラハツモドキ。

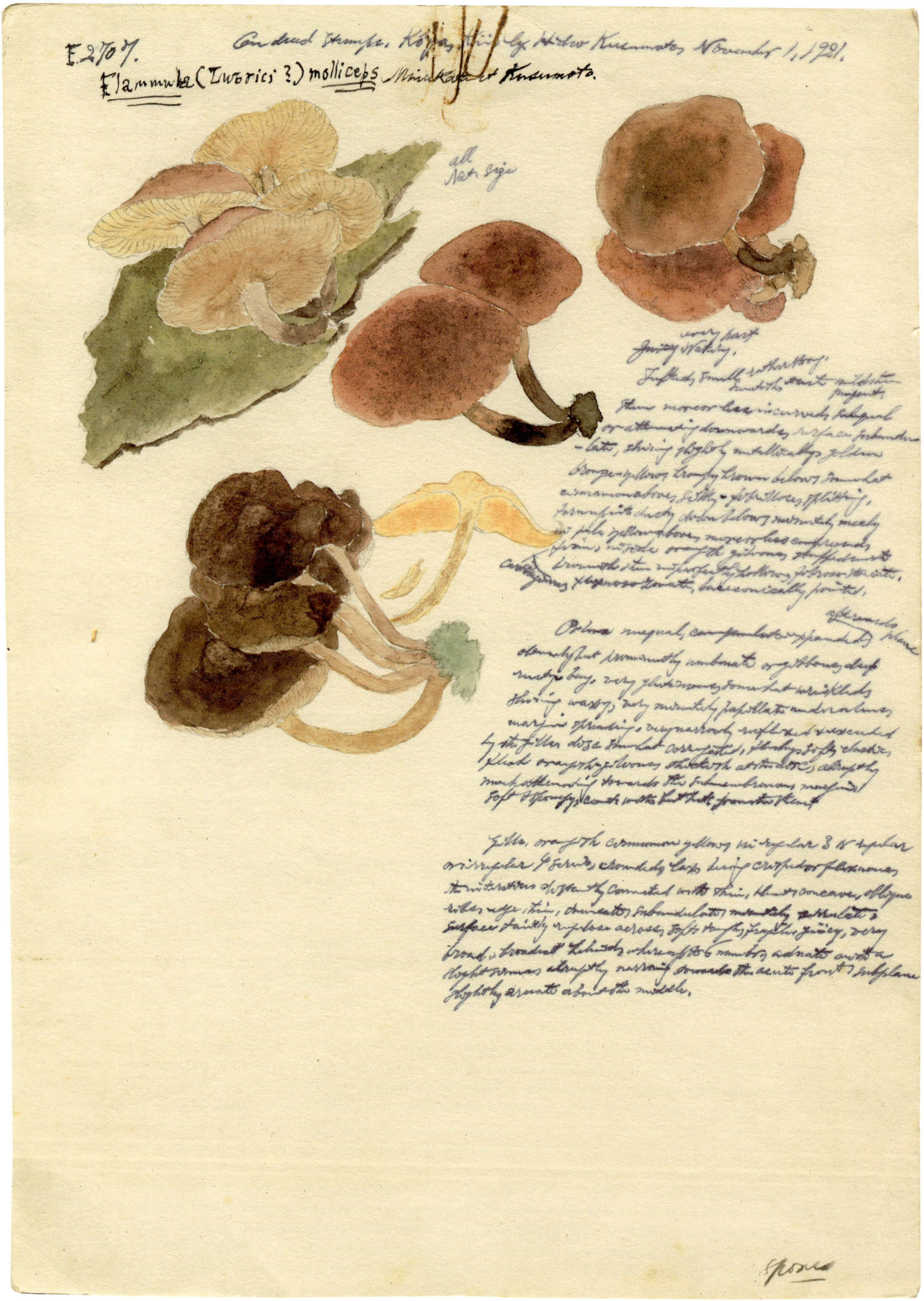

F. 2707　1921（大正10）年11月1日、高野にて腐朽切り株に発生し、楠本秀男によって採集された。熊楠と楠本の連名で命名されたツムタケ属の新種。熊楠の第二回高野山植物調査は、1921年11月に行われ、楠本秀男が同行した。本図集では、彩色図作成に影響を与えたと考えられるこの旅行中に描画された図版を特に多く取り上げている。

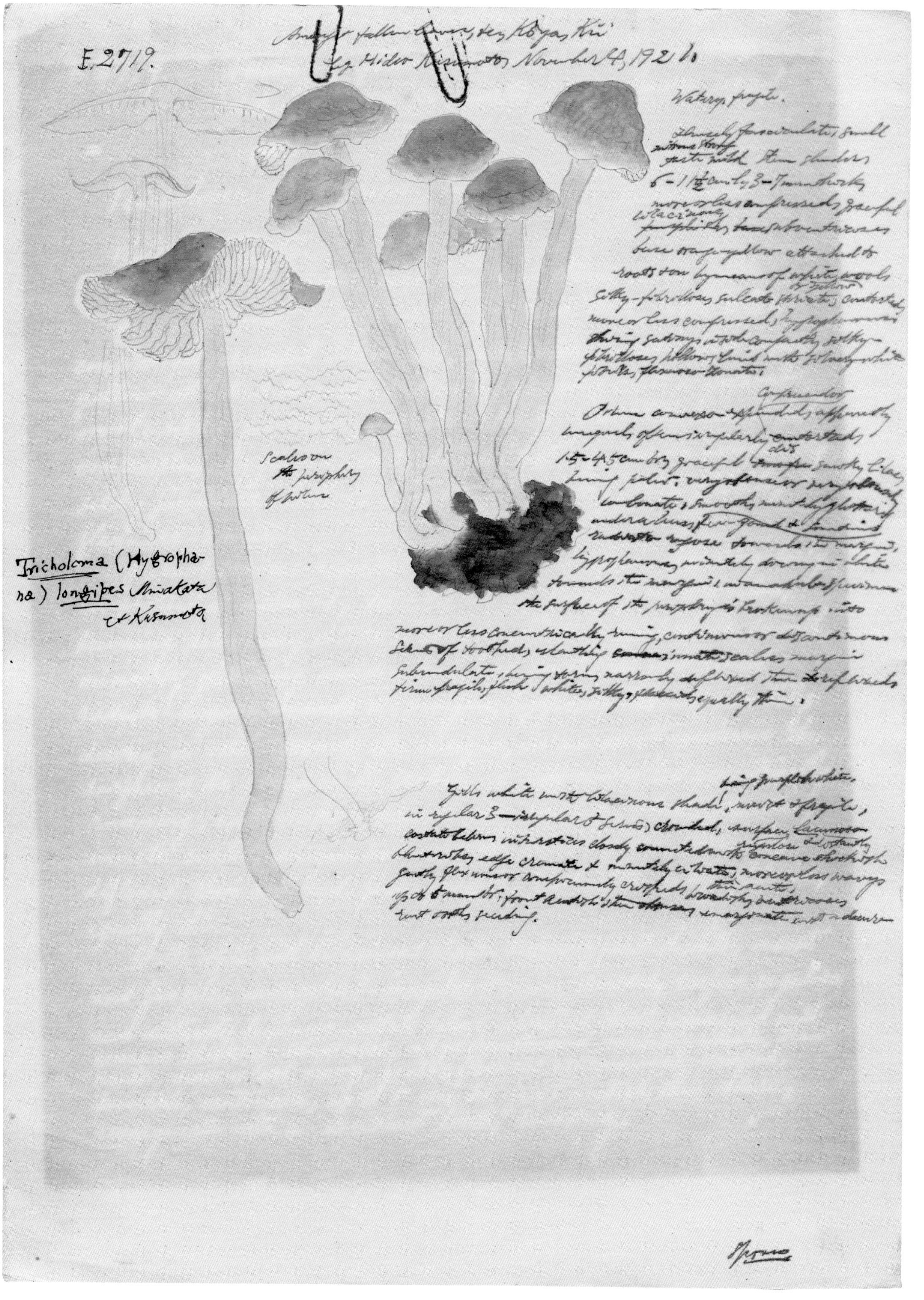

F. 2719 | 1921（大正10）年11月4日、高野にて落葉などの間に発生し、楠本秀男によって採集された。熊楠と楠本の連名で命名されたキシメジ属の新種。採集者の楠本秀男は、下秋津出身の画家（号は龍仙）で、東京美術学校の日本画科に入学し、洋画科を卒業した。熊楠のきのこ採集と彩色図作成に協力した。

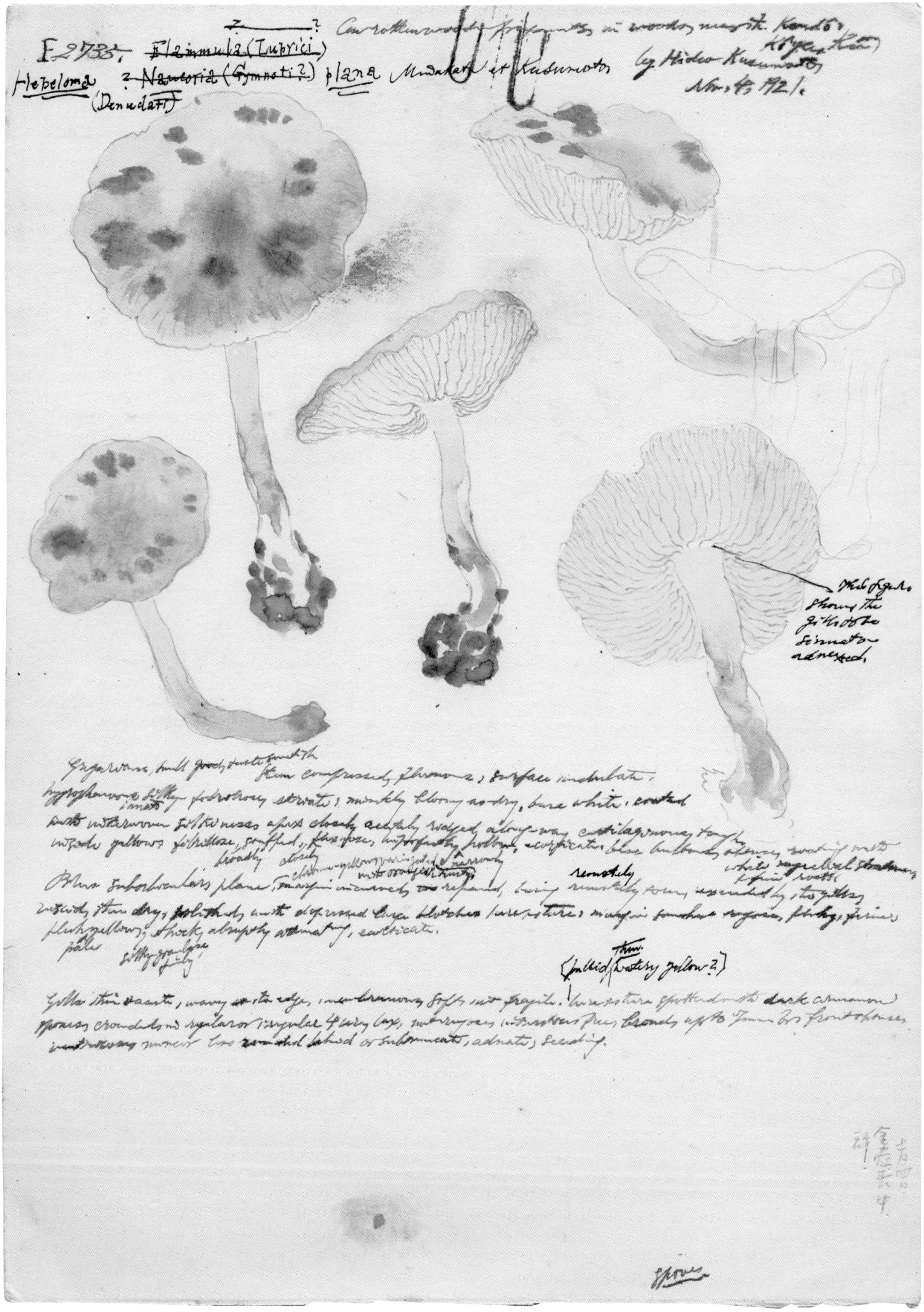

F. 2735　1921（大正10）年11月4日、高野の金堂付近にて林内の腐っている木片に発生し、楠本秀男によって採集された。熊楠と楠本の連名で命名されたワカフサタケ属の新種。楠本秀男の回想によれば、楠本がもっぱらきのこ採集をして、熊楠はおもにきのこ標本の作成をしていたようで、高野山滞在中に外出したのはたった3回だけだったようだ。

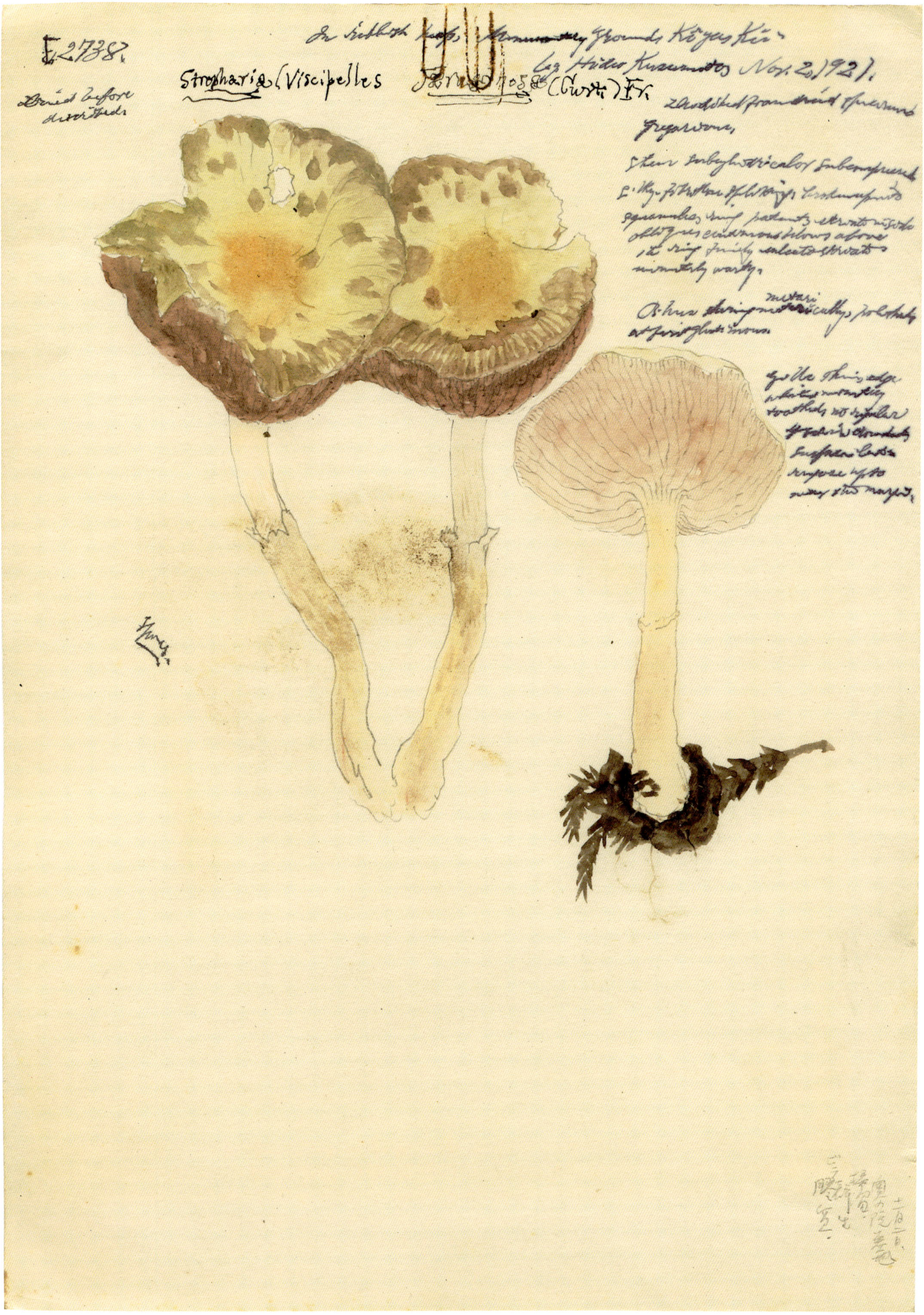

F. 2738　1921（大正10）年11月2日、高野にて墓地の掃溜に発生し、楠本秀男によって採集された。モエギタケ。
楠本秀男の回想には、高野山ではきのこが続々と運び込まれるために熊楠は忙しく、楠本がきのこの全形と側面を描いたことが述べられている。熊楠日記にもそれらしきことがしばしば書かれており、高野山での彩色図の多くは楠本との合作であり、一部は楠本作成の可能性がある。

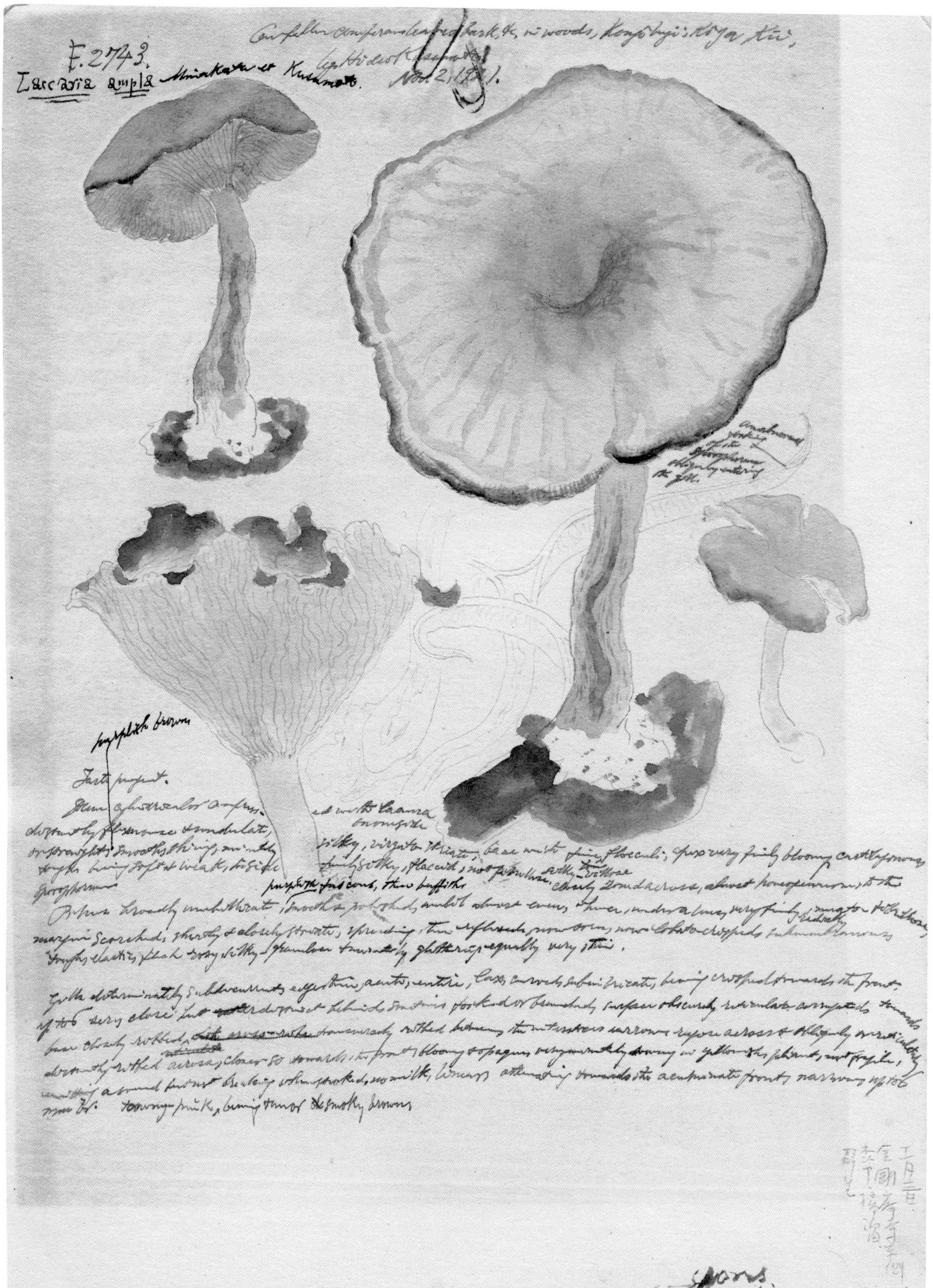

F. 2743　1921（大正10）年11月2日、高野の金剛峯寺にて林内の針葉樹の落葉や樹皮などに発生し、楠本秀男によって採集された。熊楠と楠本の連名で命名されたキツネタケ属の新種。

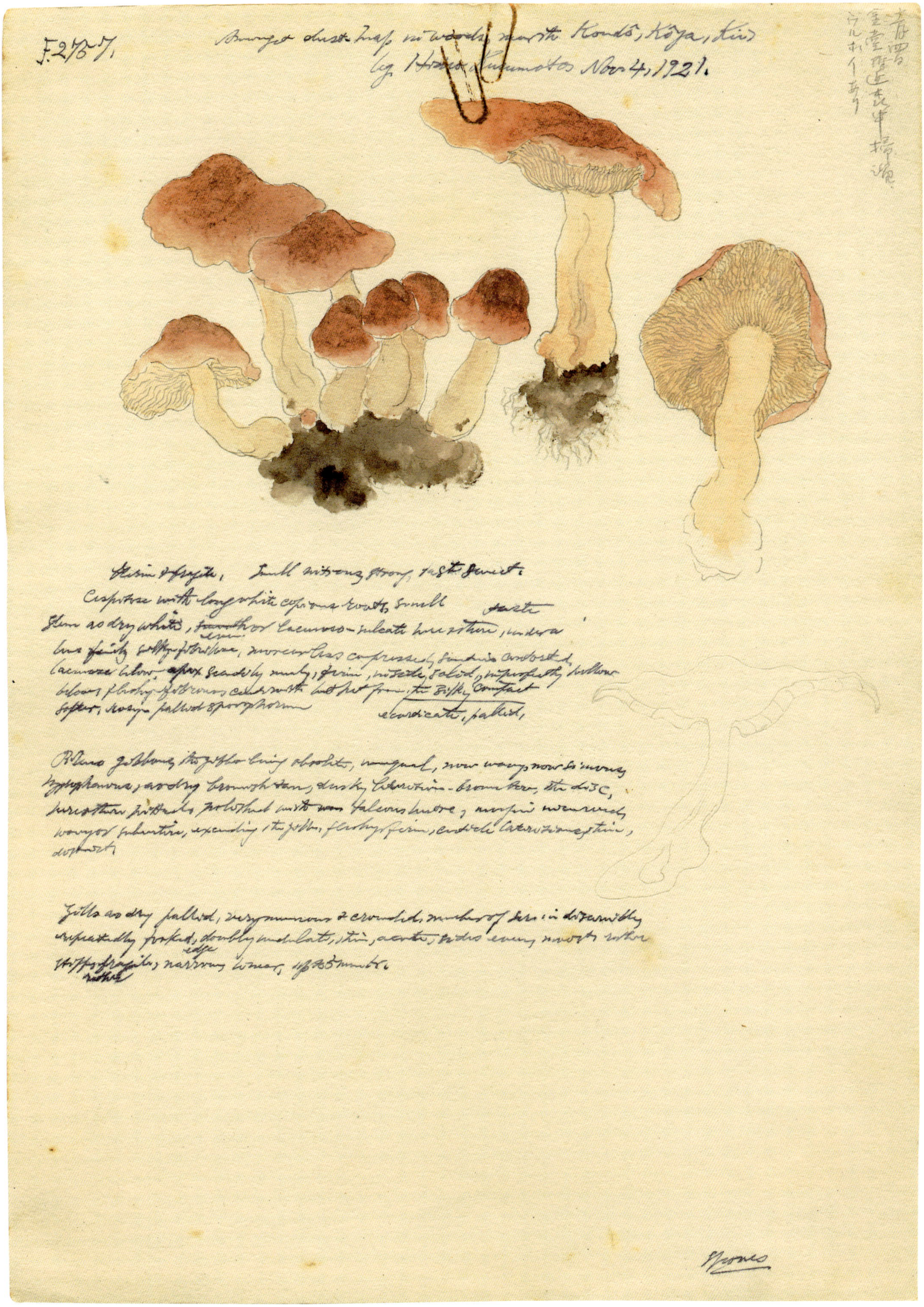

F. 2757　1921（大正10）年11月4日、高野の金堂付近にて林内の掃溜に発生し、楠本秀男によって採集された。未同定のきのこ。前日の3日夜、酒3本を飲み、調子の出てきた熊楠は、戯れ唄混じりの絵はがきを何枚か書いた。そのうちの1枚が、小畔四郎宛の「南方先生菌ヲ盆ニ盛リ、左手ニ筆、右手ニ徳利、—くさひらは幾劫へたる宿対そ」（熊楠日記より）である。

F. 2762 | 1921（大正10）年11月6日、高野にて墓地の林の腐植土に発生し、楠本秀男によって採集された。熊楠と楠本の連名で命名されたワカフサタケ属の新種。

F. 2767　1921（大正10）年11月6日、高野にて墓地の林に発生し、楠本秀男によって採集された。
熊楠と楠本の連名で命名されたヌメリガサ属の新種。

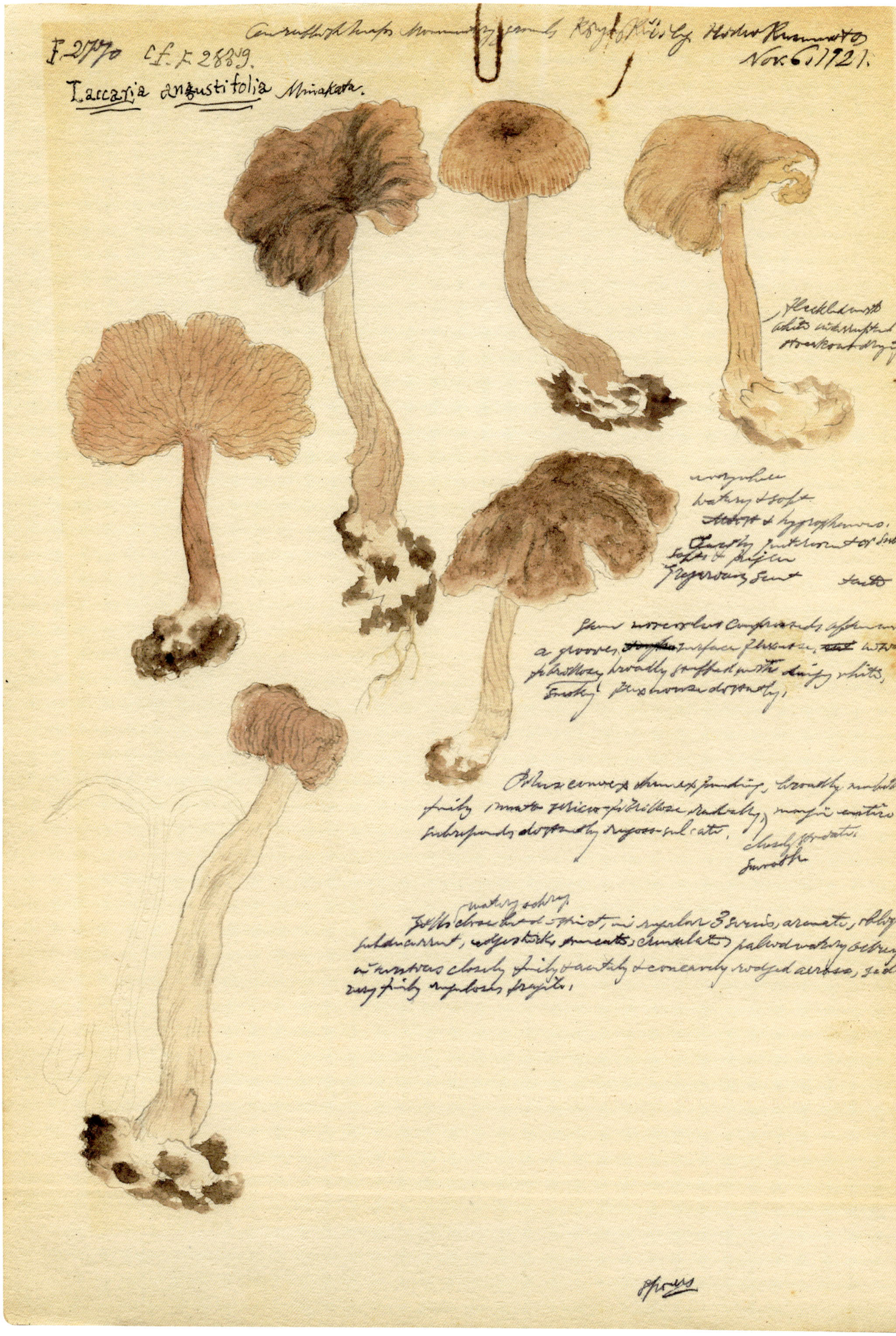

F. 2770
1921（大正10）年11月6日、高野にて墓地の掃溜に発生し、楠本秀男によって採集された。
熊楠命名のキツネタケ属の新種。

F. 2778　1921（大正10）年11月6日、高野にて墓地の掃溜に発生し、楠本秀男によって採集された。
熊楠と楠本の連名で命名されたツムタケ属の新種。

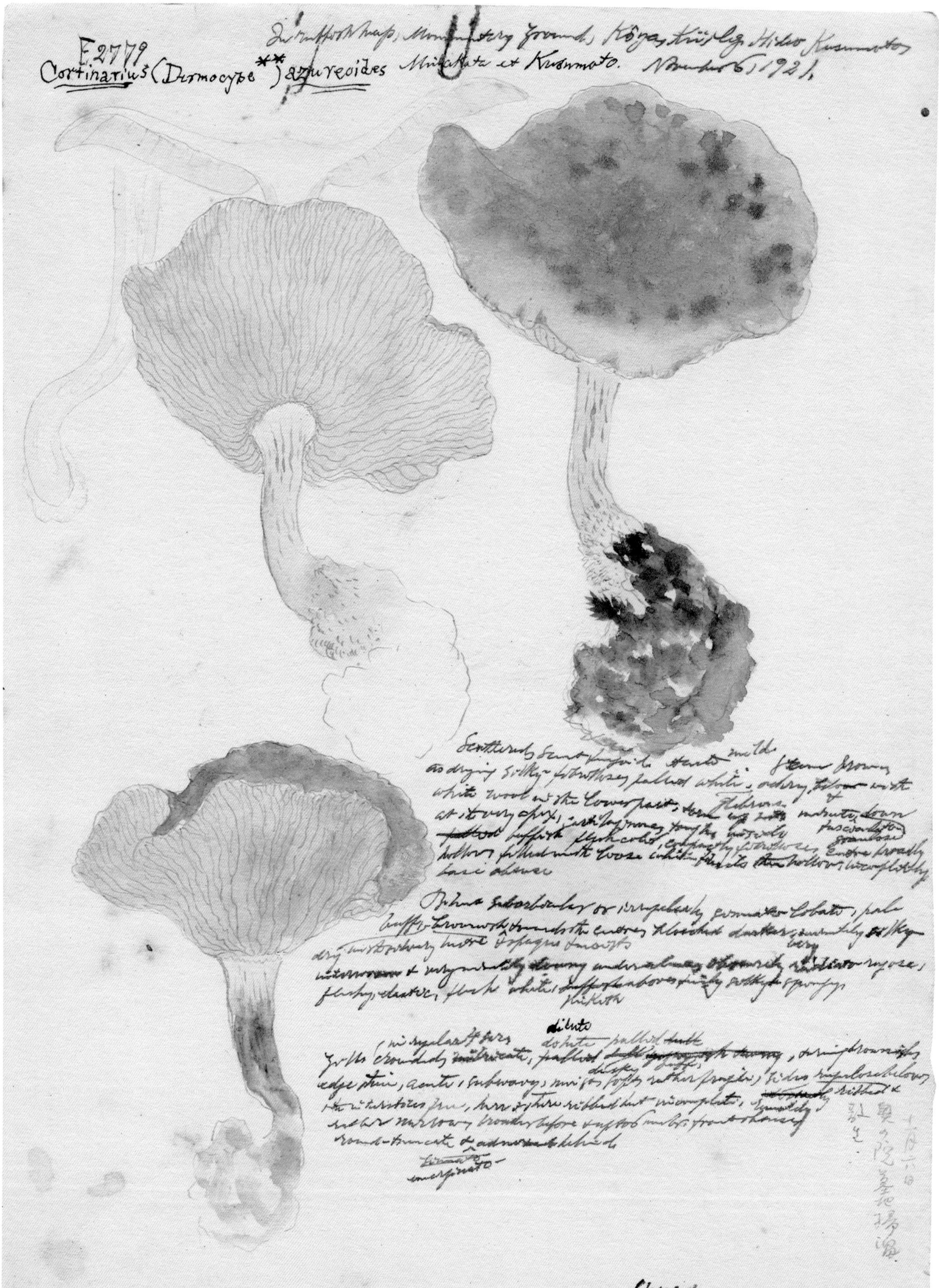

F. 2779 | 1921（大正10）年11月6日、高野にて墓地の掃溜に発生し、楠本秀男によって採集された。熊楠と楠本の連名で命名されたフウセンタケ属の新種。

F. 2786　1921（大正10）年11月9日、高野にて墓地の落葉下の腐植土に発生し、楠本秀男によって採集された。熊楠と楠本の連名で命名されたフウセンタケ属の新種。前日の午後から雪が降り、楠本は雪の朝に採集した。この年の高野山では例年よりも50日ほど早い雪だったようである。

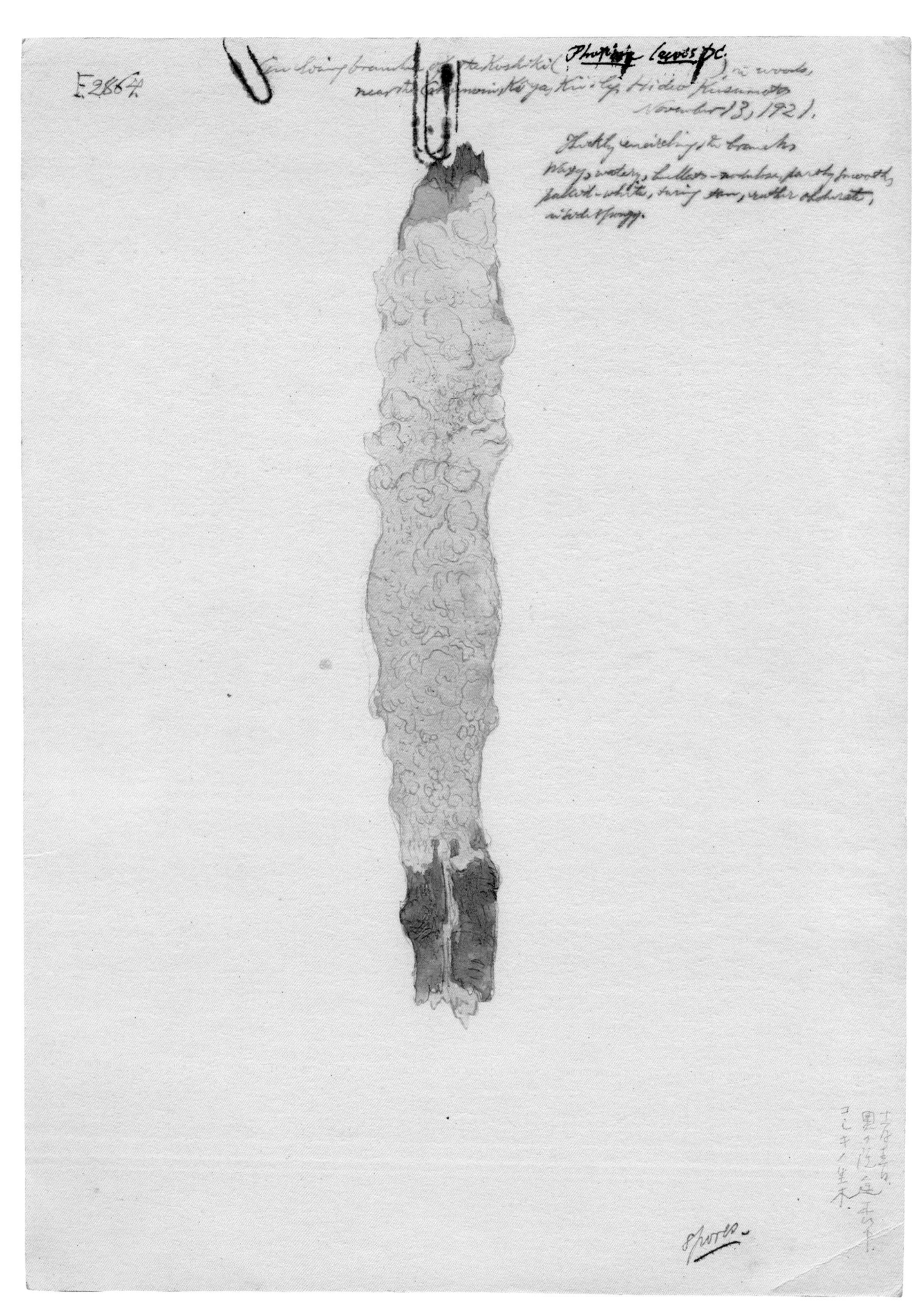

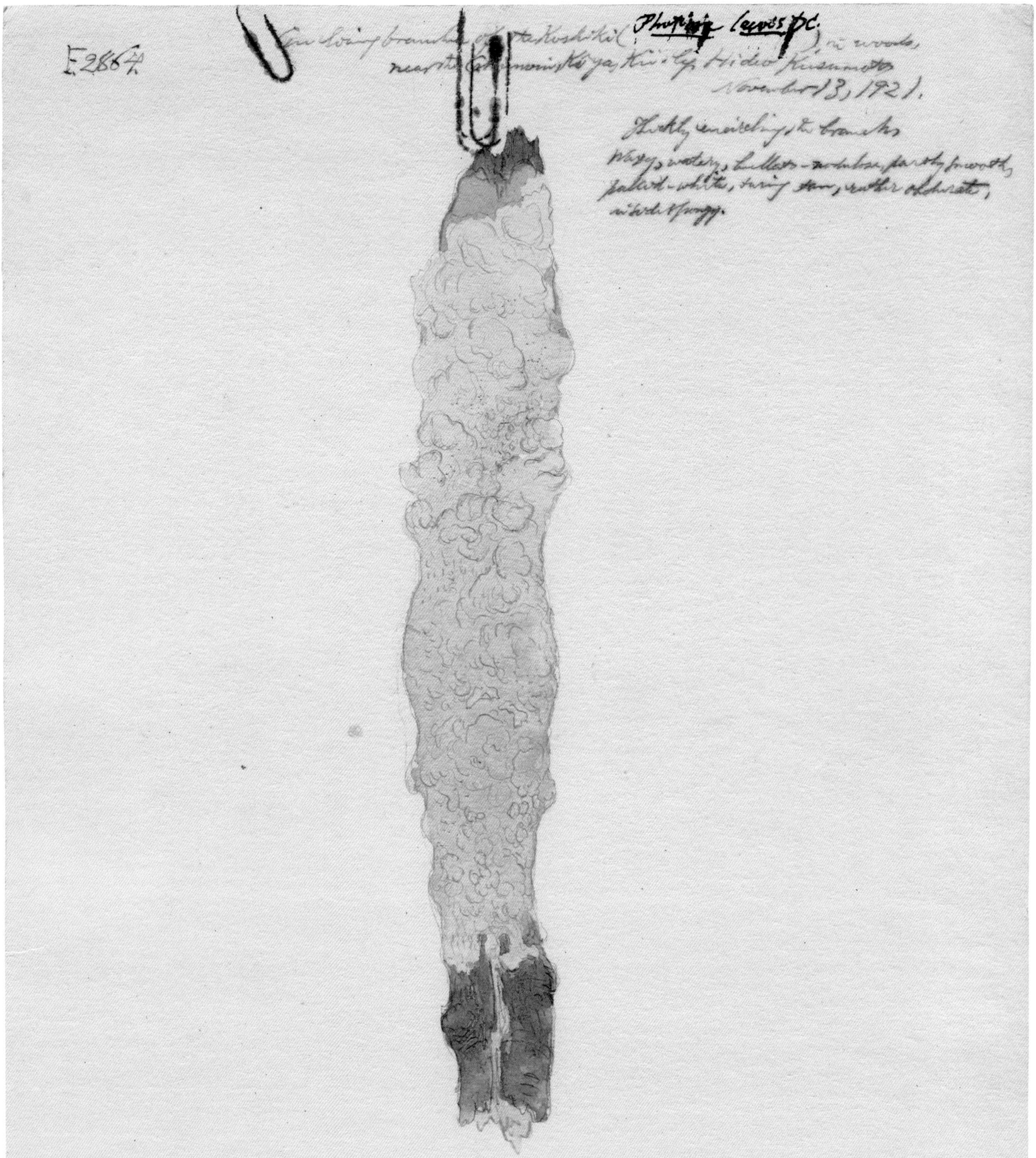

F. 2864　1921（大正10）年11月13日、高野の奥の院付近にて林内のコシキ（カマツカ）の生きた枝に発生し、楠本秀男によって採集された。未同定。果たして菌類だろうか。

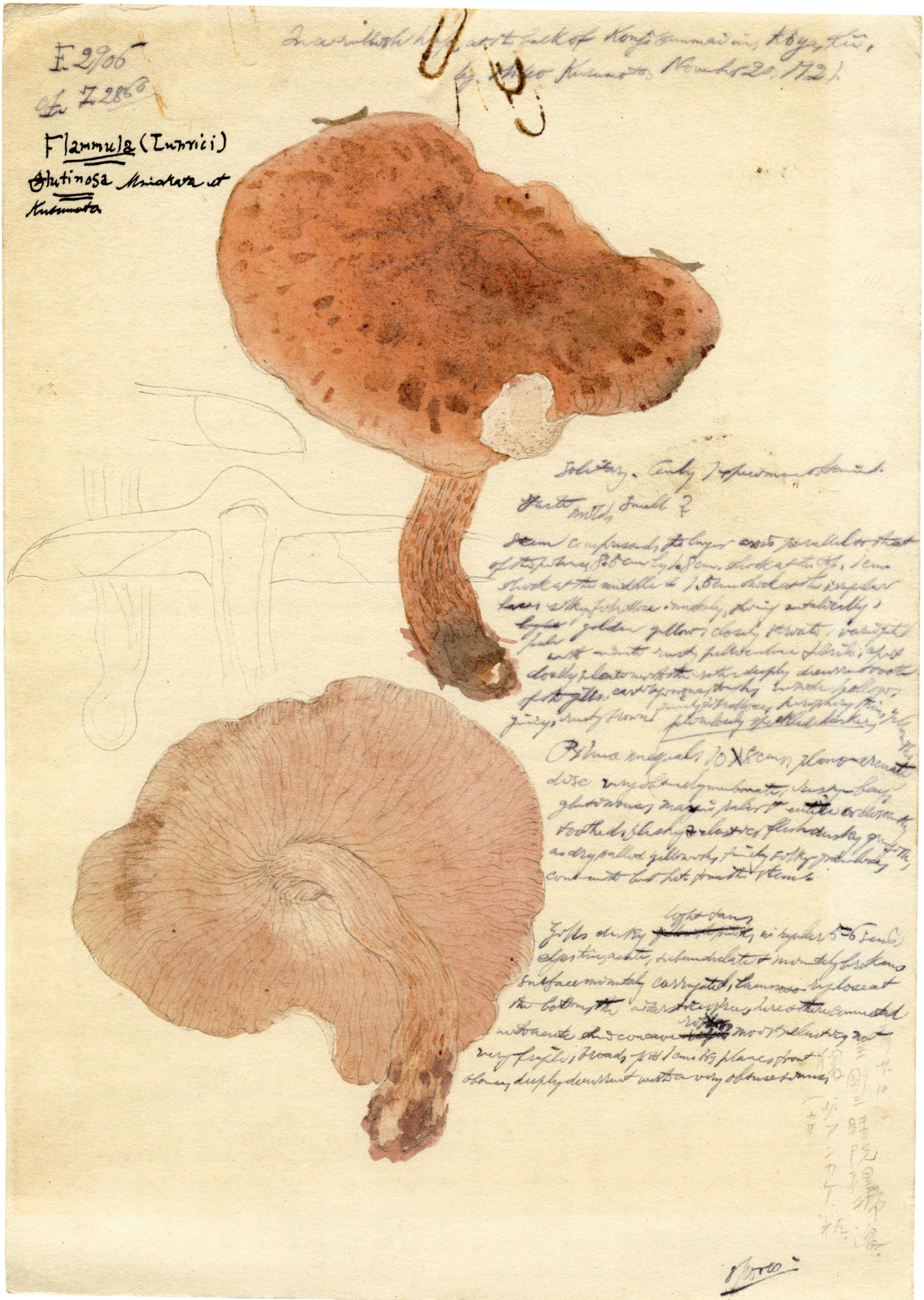

F. 2906

1921（大正10）年11月20日、高野にて金剛三昧院裏の掃溜に発生し、楠本秀男によって採集された。熊楠と楠本の連名で命名されたツムタケ属の新種。高野山ではきのこの収穫が多く、描画と記載に追われた。11月10日に飲み始めた熊楠は、連日飲むようになる。この日の熊楠日記には「今夜酒三本ノミ、勢ヒヨシ、記載完全、大ニ快シ、夜二時頃臥ス。」とある。

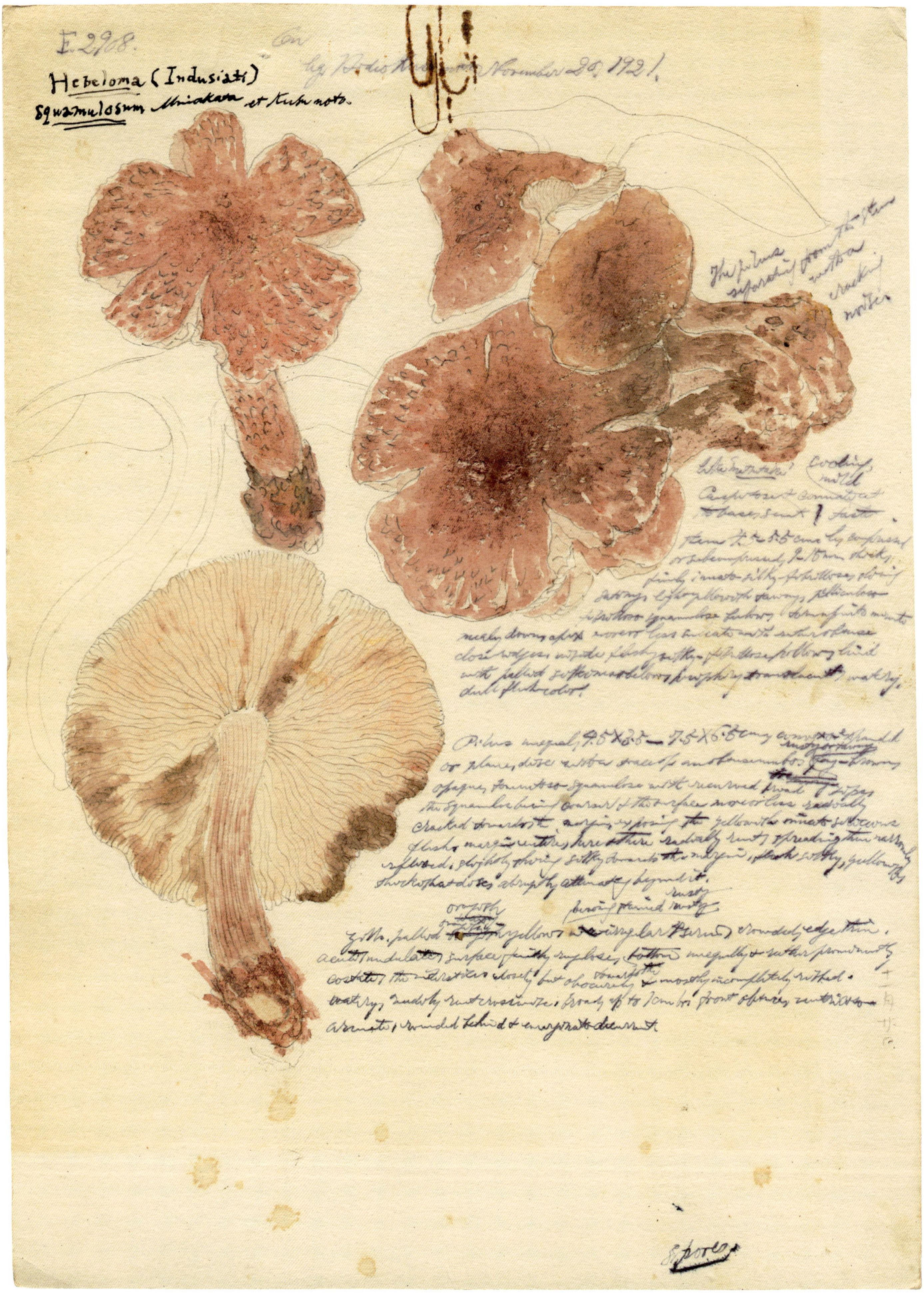

F. 2908　1921（大正10）年11月20日、高野にて楠本秀男によって採集された。熊楠と楠本の連名で命名されたワカフサタケ属の新種。11月18日に旧知の高野山管長土宜法龍と会って話す。酔いの回った熊楠がうとうとと眠ってしまい、垂らした鼻を法龍に拭いてもらったという伝説は、この時のことである。熊楠日記には「暖カサニ酔ヒ、居眠リシ、又鼻タレル、」とある。

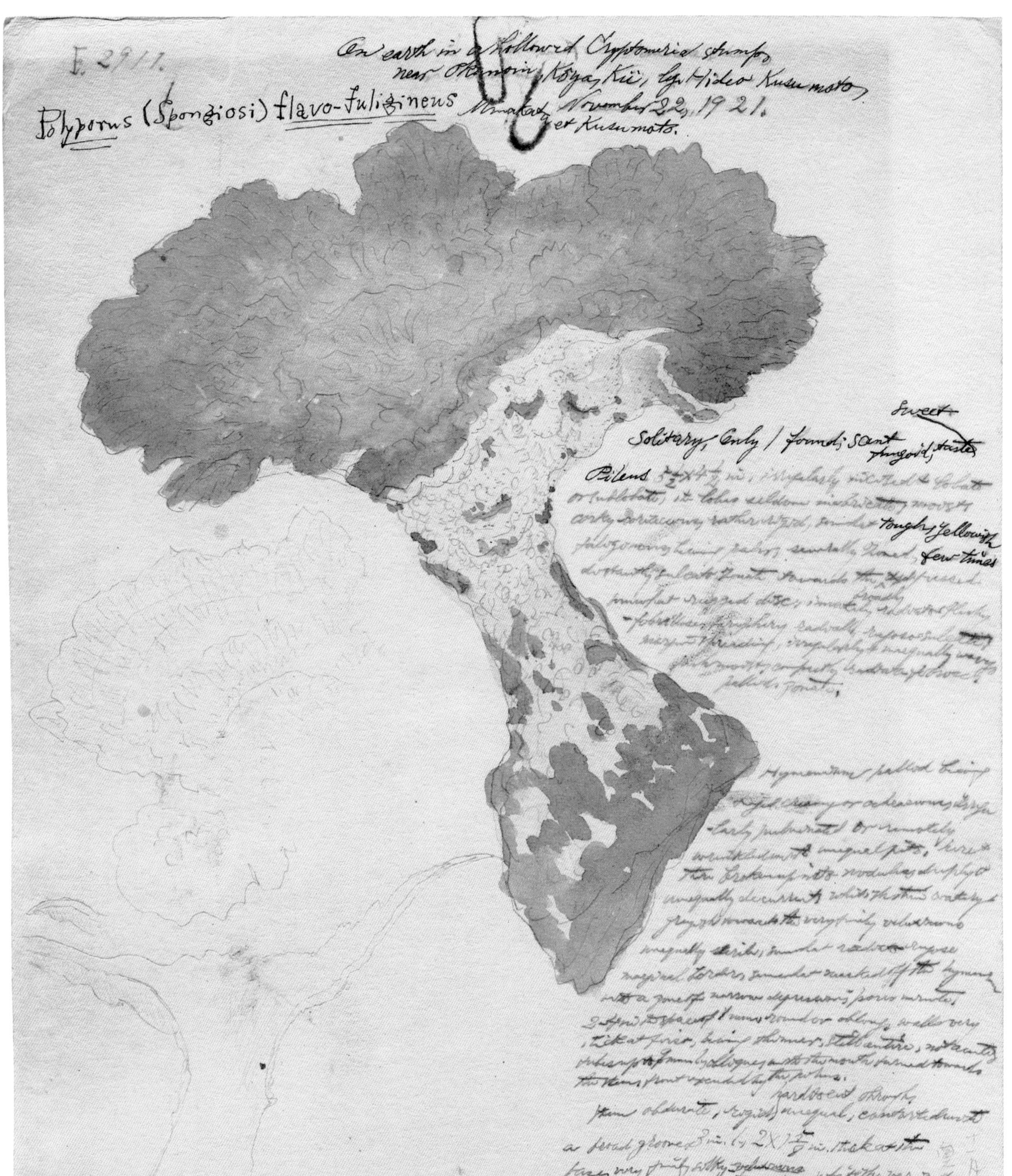

E. 2911 | 1921（大正10）年11月22日、高野の奥の院付近にてスギの空洞化した切り株の地際部に発生し、楠本秀男によって採集された。熊楠と楠本の連名で命名されたタマチョレイタケ属の新種。

F. 2920　1921（大正10）年11月23日、高野にて奥の院の墓地に発生し、楠本秀男によって採集された。
熊楠と楠本の連名で命名されたナラタケ属の新種。

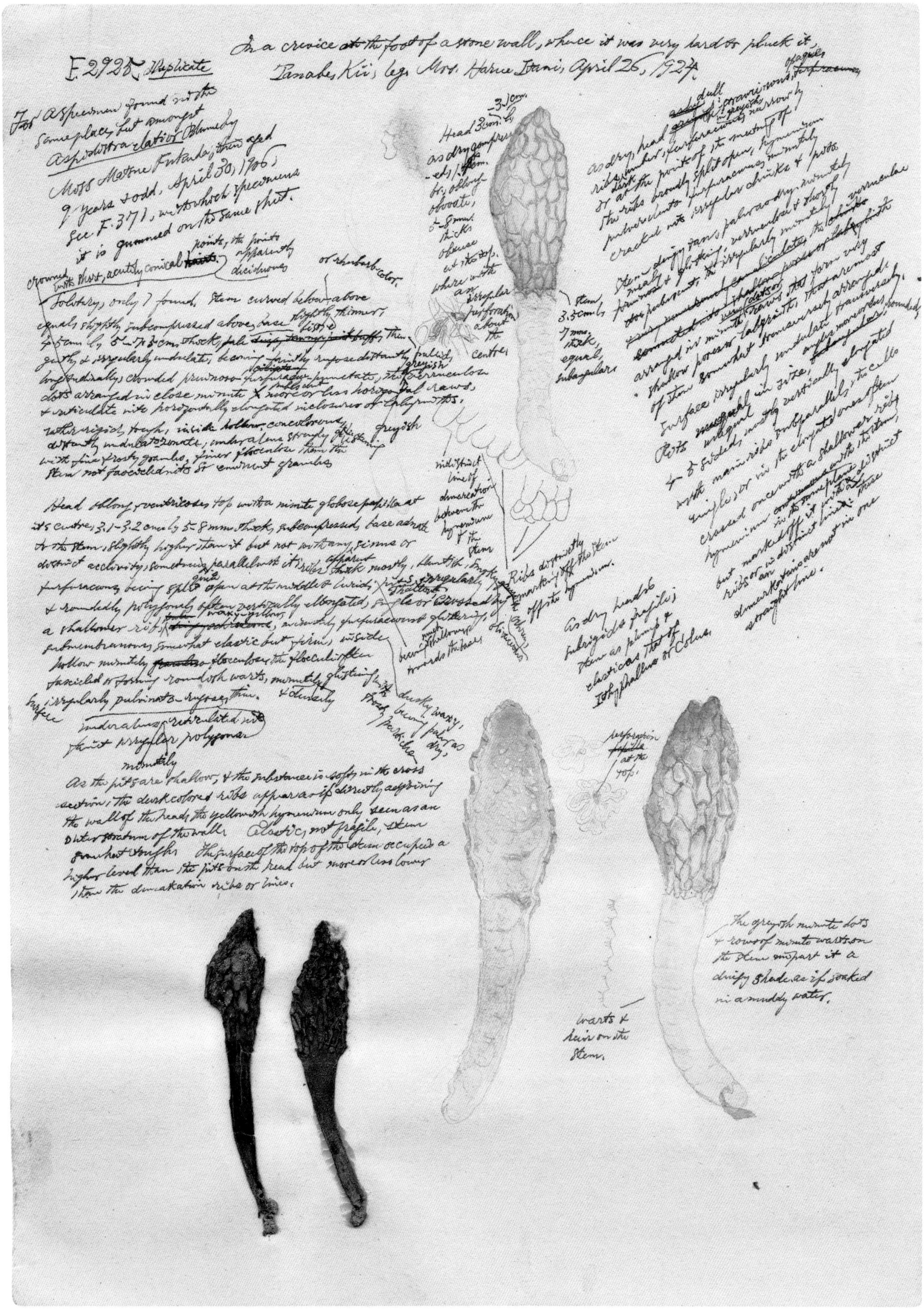
F. 2925 Duplicate
In a crevice at the foot of a stone wall, whence it was very hard to pluck it.
Tanabe, Kii, leg. Mrs. Harue Itani, April 26, 1924.
For a specimen found in the same place but amongst Aspidistra elatior Blume by Miss Matsue Futaba, then aged 9 years & odd, April 30, 1926, See F. 371, with which specimens it is gummed on the same sheet.
As dry heads subrigid as fragile; stem as plump & elastic as that of Ithyphallus or Colus.
The greyish minute dots & rows of minute warts on the stem impart it a dingy shade as if soaked in a muddy water.
warts & hair on the stem.

F. 2925　1924（大正13）年4月26日、田辺にてきわめて取りづらい石壁基部の割れ目に発生し、井潤春枝夫人によって採集された。未同定のアミガサタケ属の仲間。本図版に描かれているきのこの彩色図は、これまでの特徴と明らかに異なり、リアルである。違いは、前出のF. 94、F. 371、F. 2518のアミガサタケ属の彩色図と比べるとよくわかる。

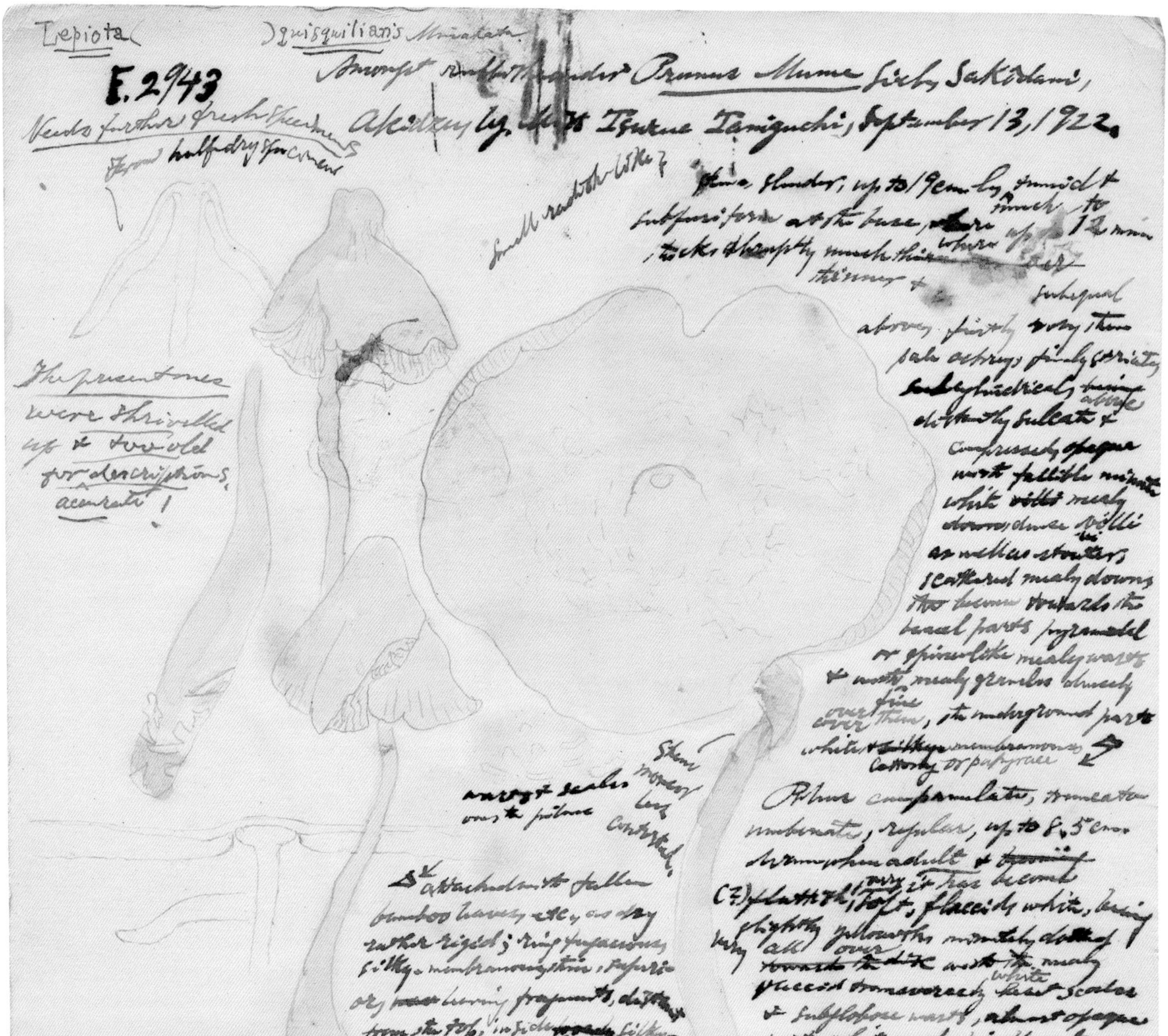

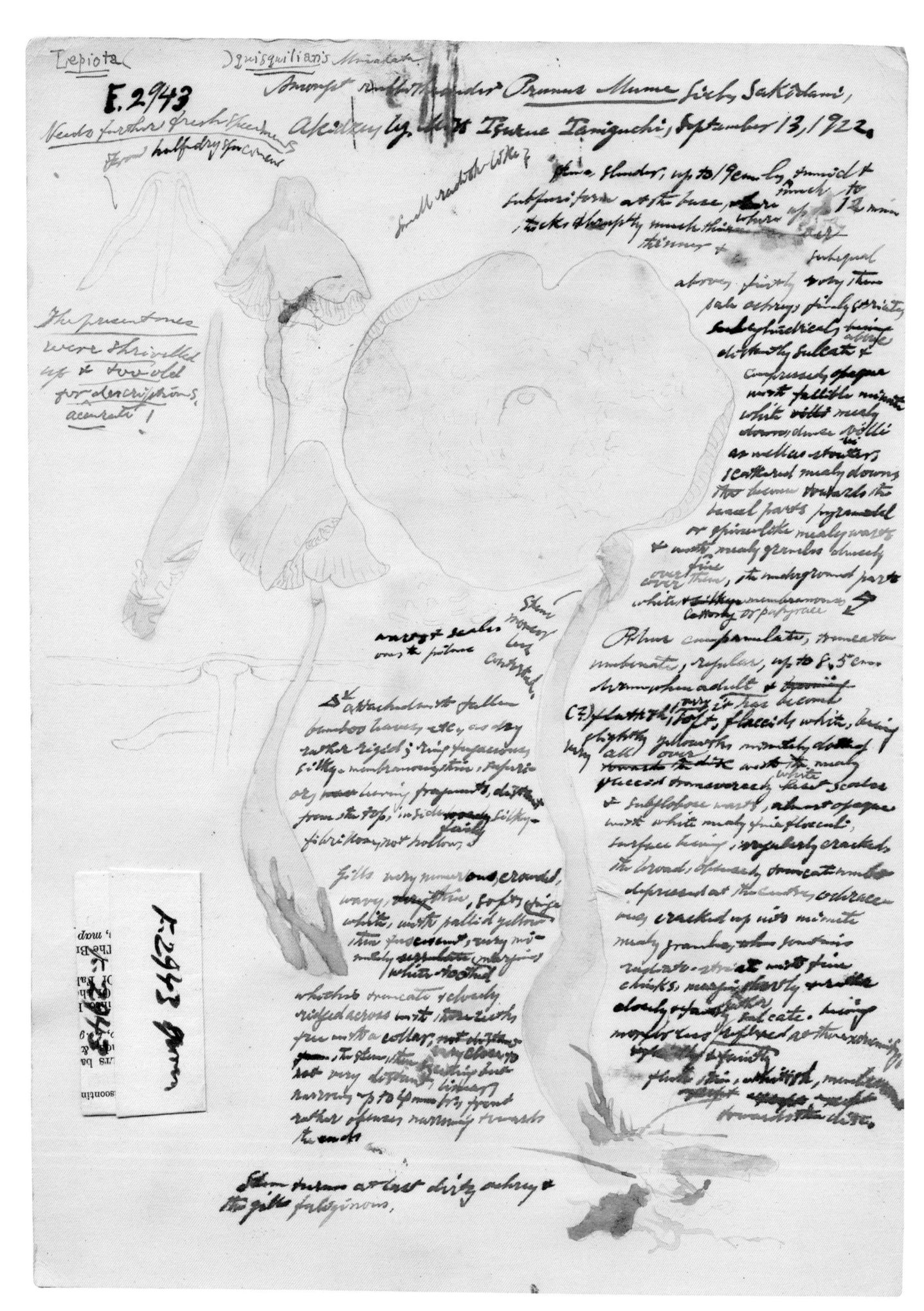

F. 2943　1922（大正11）年9月13日、左向谷にてウメの下の掃溜に発生し、谷口鶴枝嬢によって採集された。熊楠命名のキツネノカラカサ属の新種。採集者の谷口鶴枝は、南方家のお手伝いさんである。

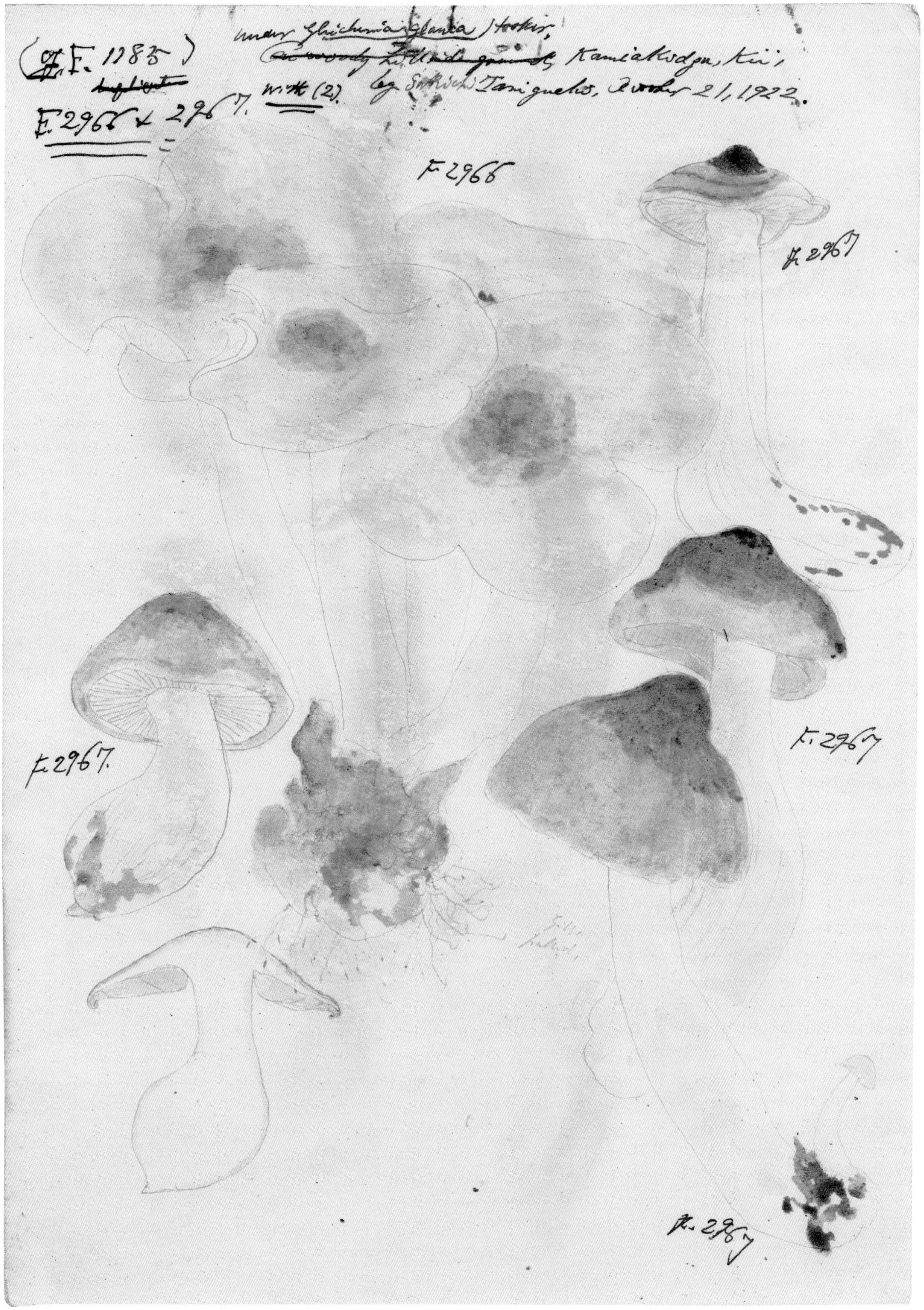

F. 2966　1922（大正11）年10月21日、上秋津にてウラジロの下に発生し、谷口さきちによって採集された。未同定のきのこ。2種のきのこが混在して描かれている。熊楠日記にも「F. 2966 Tricholoma F. 2967 Entoloma 此二品ハ余初メ一品ト思フ」とある。

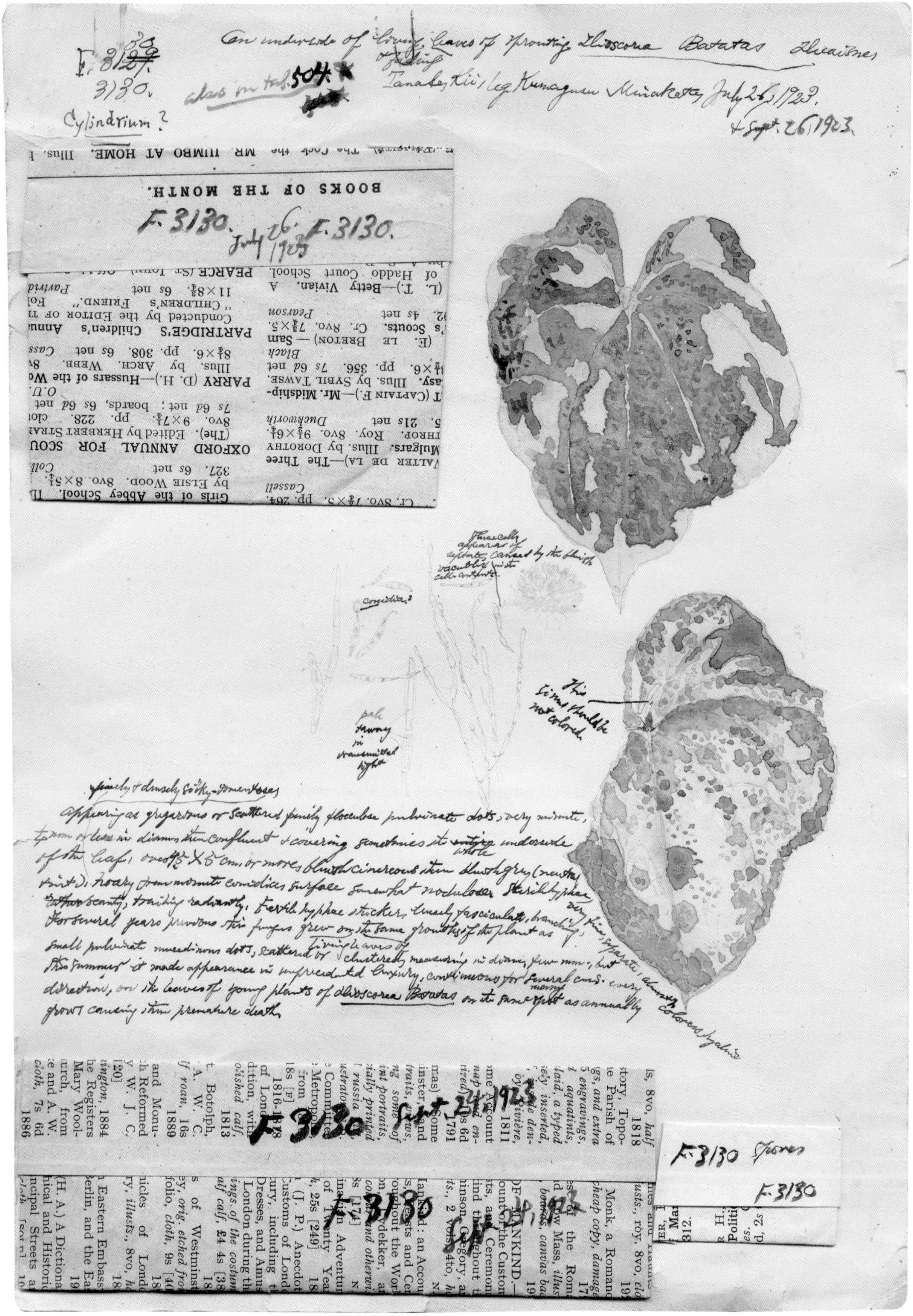

F. 3130　1923 (大正12) 年7月26日、田辺にて実生のナガイモの退色しつつある生葉の裏側に発生し、熊楠によって採集された。未同定の微小菌。熊楠菌類図譜の中には、この図版のようにきのこ以外の菌類を描いたものも含まれているが、その数は少ない。しかし、熊楠は、多数の微小菌を採集し、標本として残している。

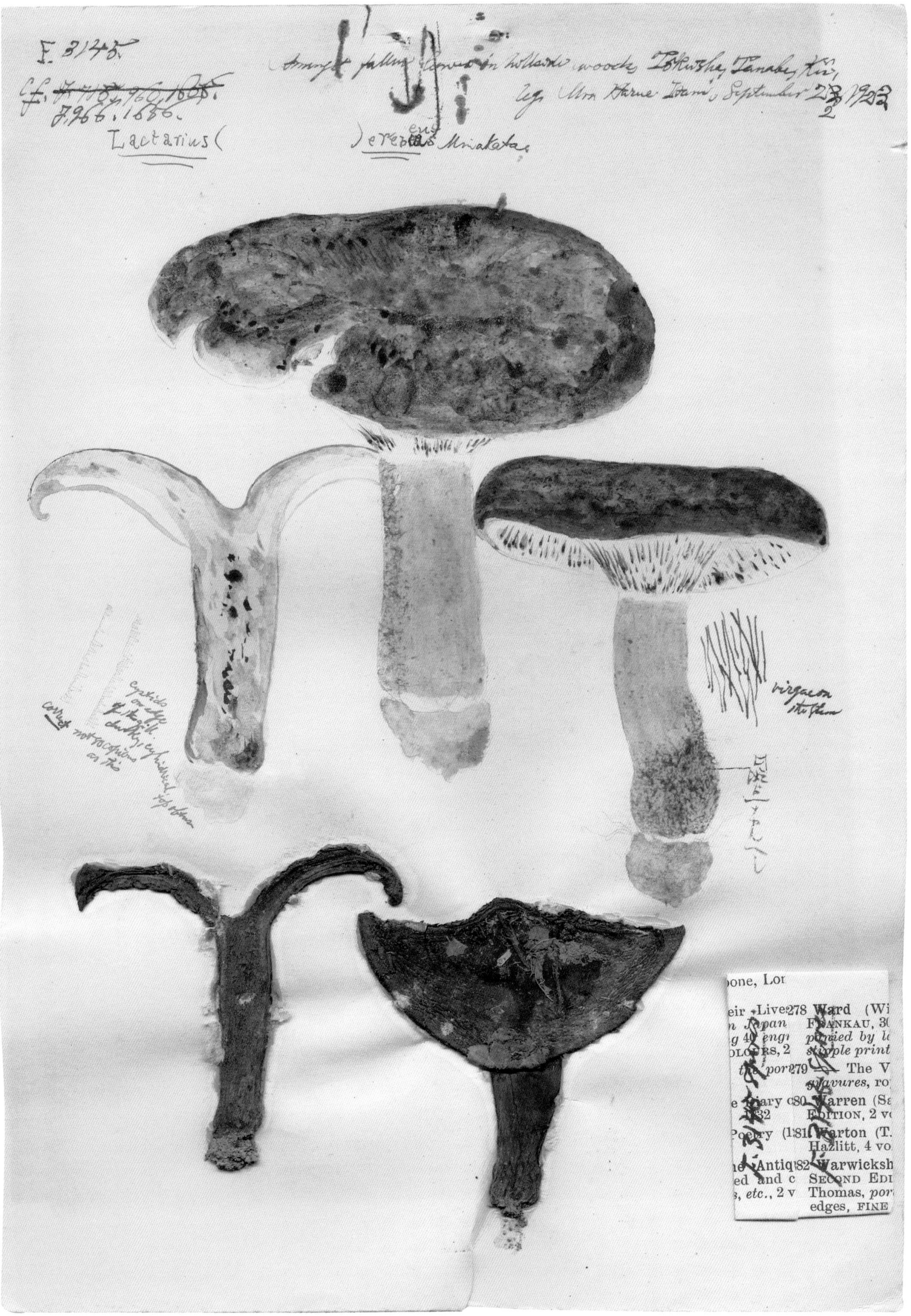

F. 3145　1923（大正12）年9月22日、田辺にて闘雞社の丘の斜面の林の落葉の間に発生し、井潤春枝夫人によって採集された。熊楠命名のチチタケ属の新種。採集者の井潤春枝は、隣家の奥さんである。熊楠の妻松枝が子供たちを連れて散歩に行く時、井潤春枝も子供を連れて一緒に行き、皆できのこ採集などをしたようである。

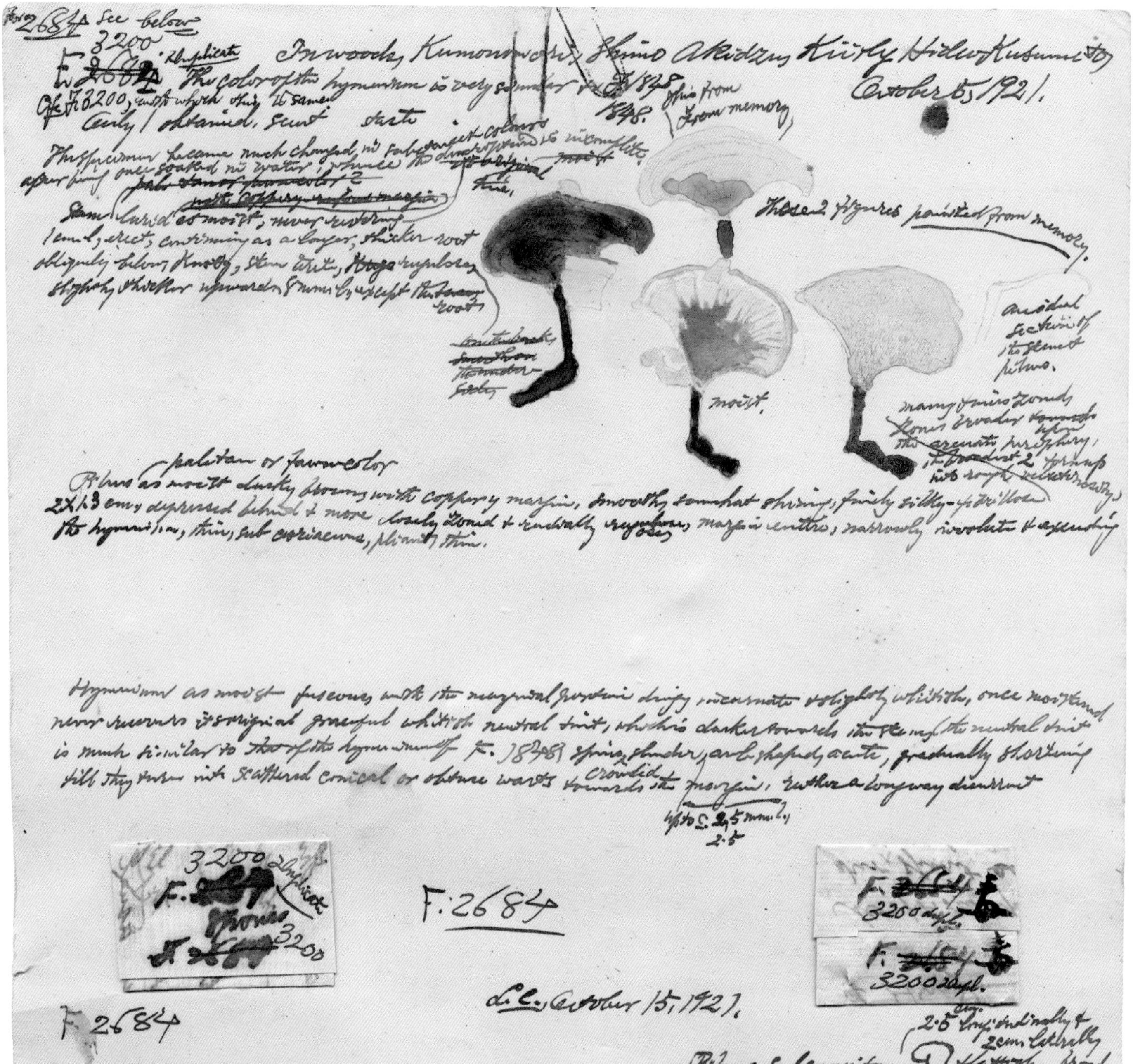

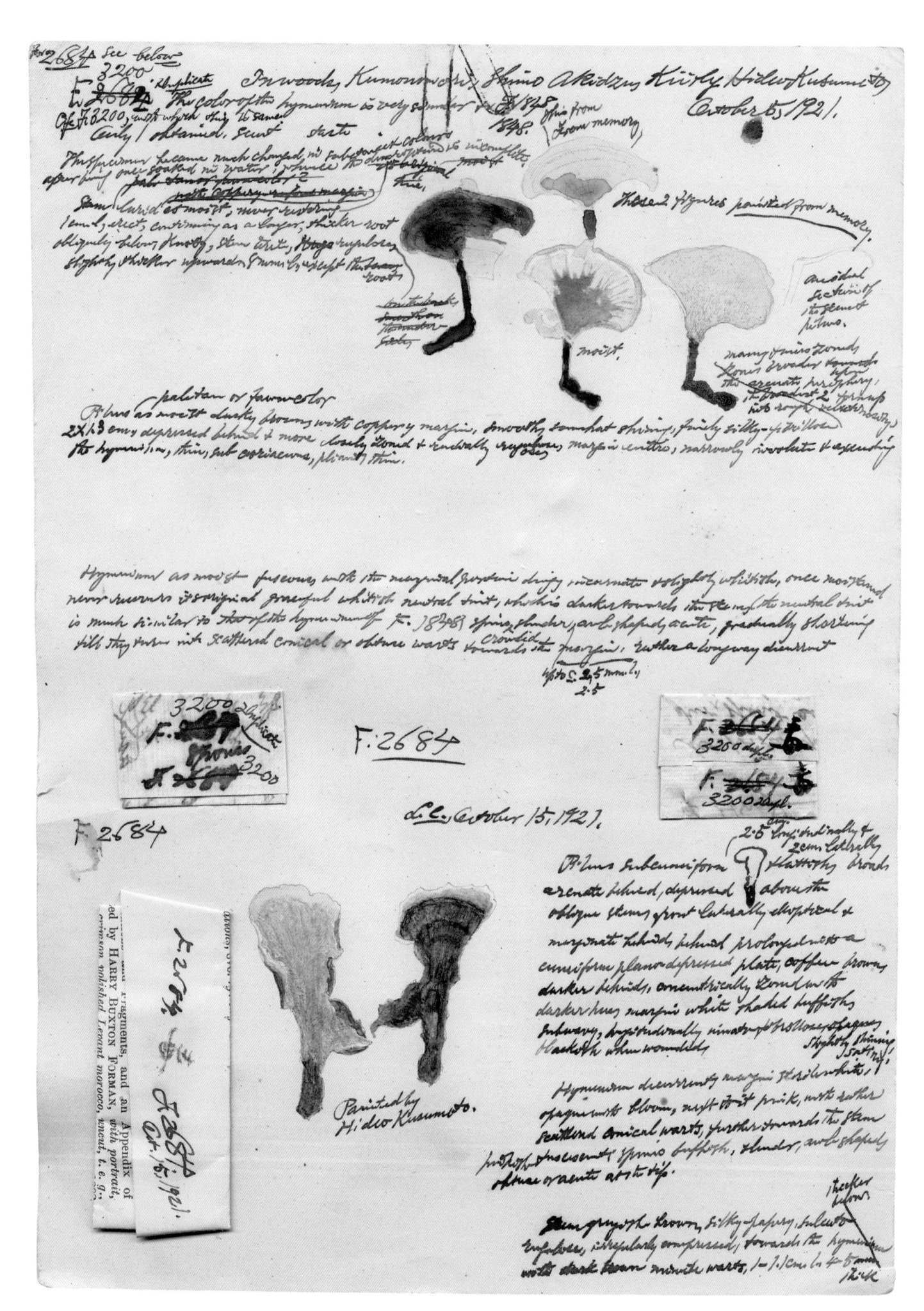

F. 3200

1921（大正10）年10月5日、下秋津の雲ノ森にて発生し、楠本秀男によって採集された。カノシタ属のきのこ。本図版は、F. 2684 のきのこの一部が1923年10月27日に田辺闘雞社で採集したきのこ（F. 3200）と同種と判明して訂正したため、複雑な内容になってしまった。

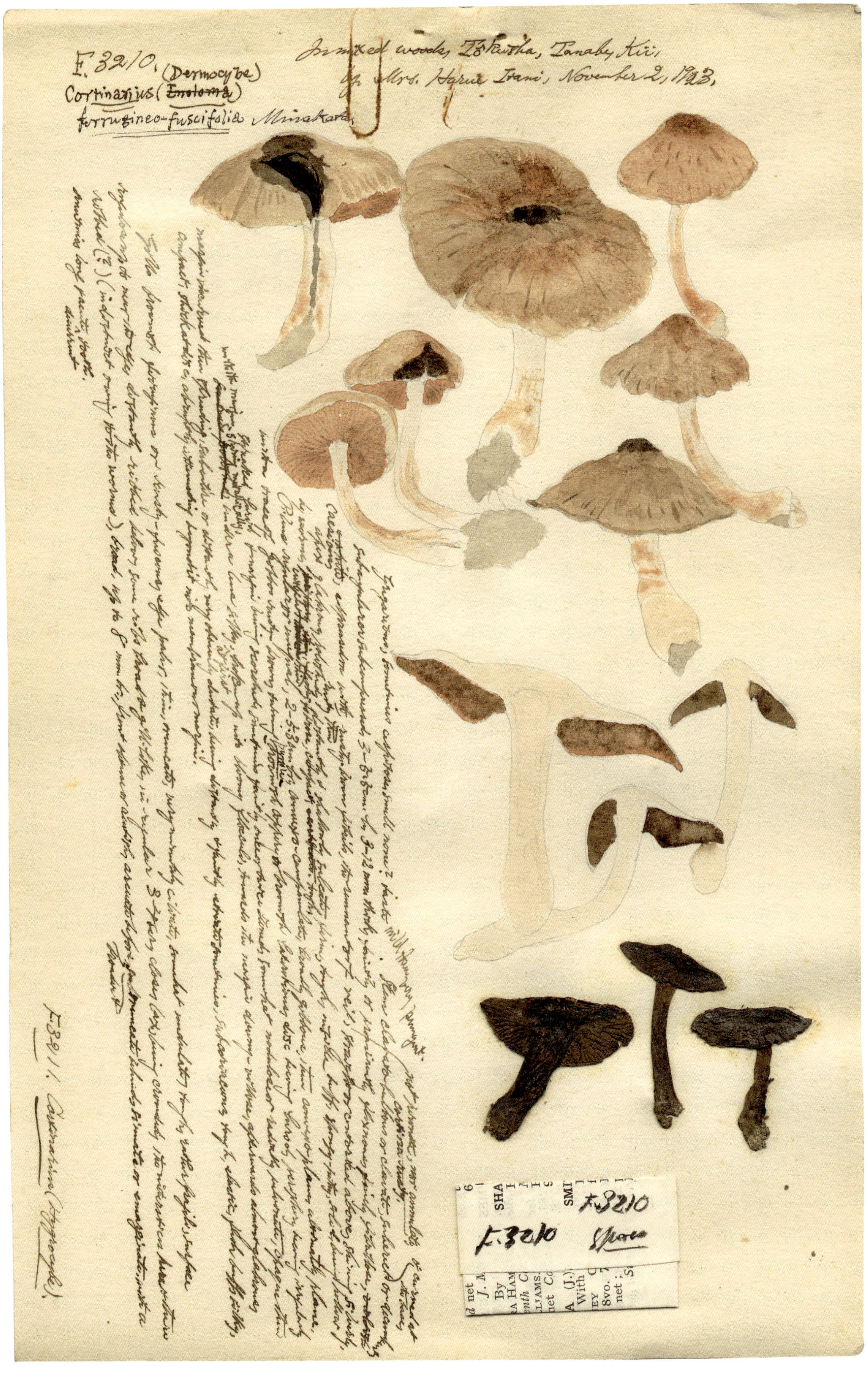

F. 3210　1923（大正12）年11月2日、田辺にて闘雞社の雑木林に発生し、井潤春枝夫人によって採集された。熊楠命名のフウセンタケ属の新種。

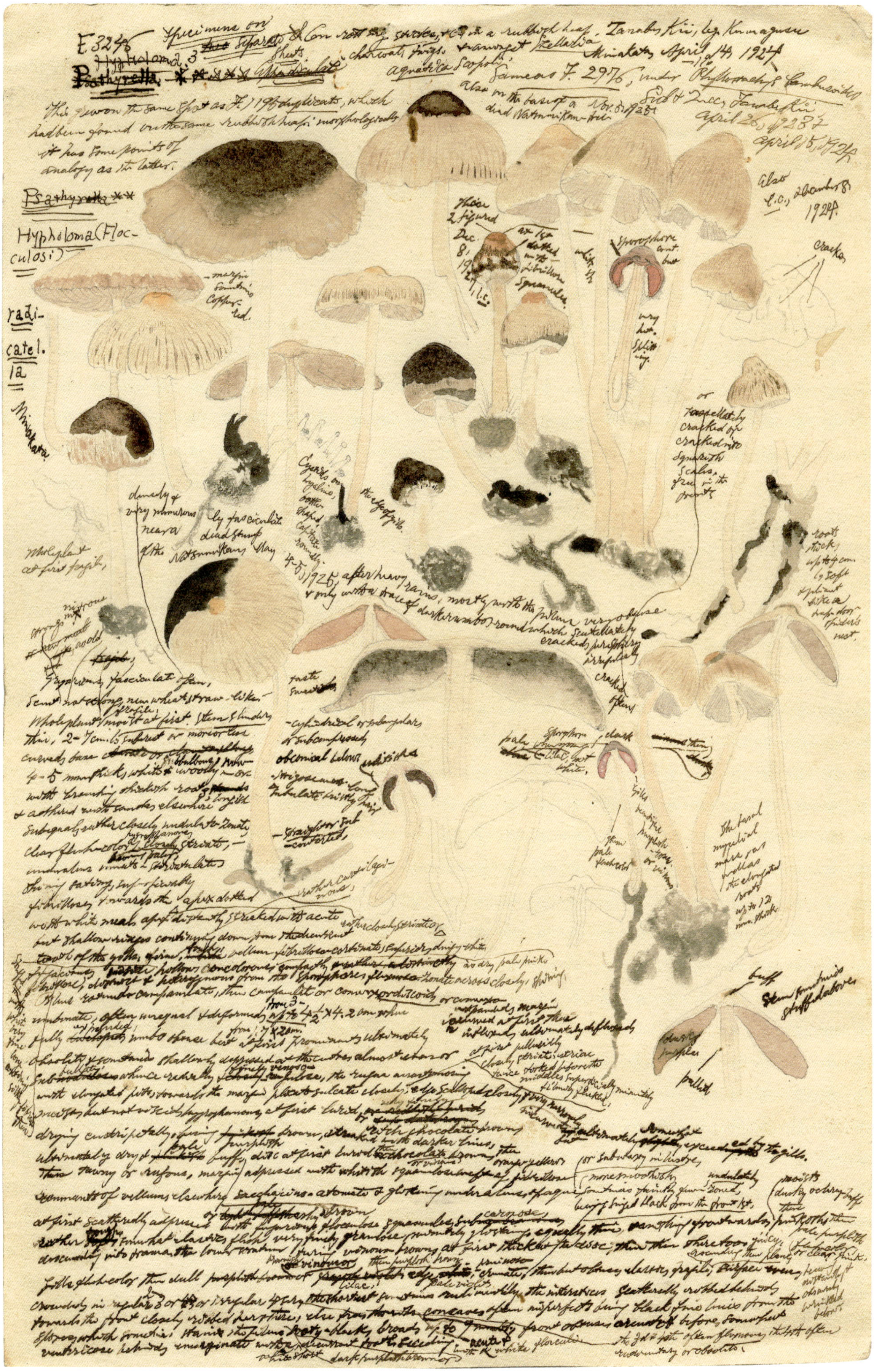

F. 3246　1924（大正13）年4月14-19日、田辺にて掃溜の腐った枝や木炭などに発生し、熊楠によって採集された。熊楠命名のイタチタケ属の新種。

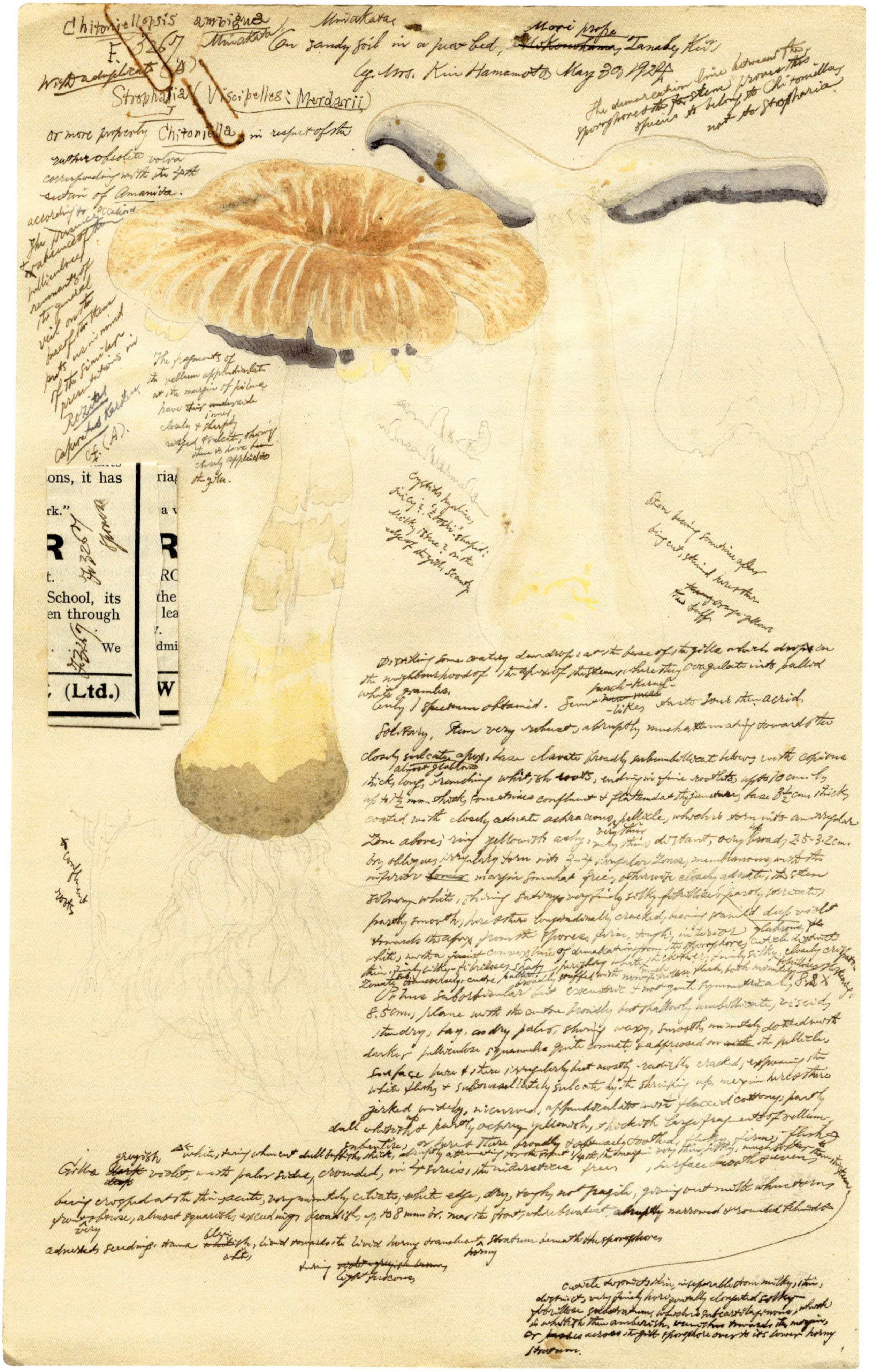

F. 3267　1924（大正13）年5月30日、田辺近郊の文里にて泥炭地の砂地に発生し、浜本きん夫人によって採集された。熊楠は、初めモエギタケ属のきのこと判断したが、後に新属新種として命名した。本図版を近縁のモエギタケ属のきのこの F. 1230（前出）と比較すると、熊楠の彩色図の変化を感じる。流れるような躍動感のあるタッチから、しっかりした写生図となっている。図譜出版を考えてのことだろうか。

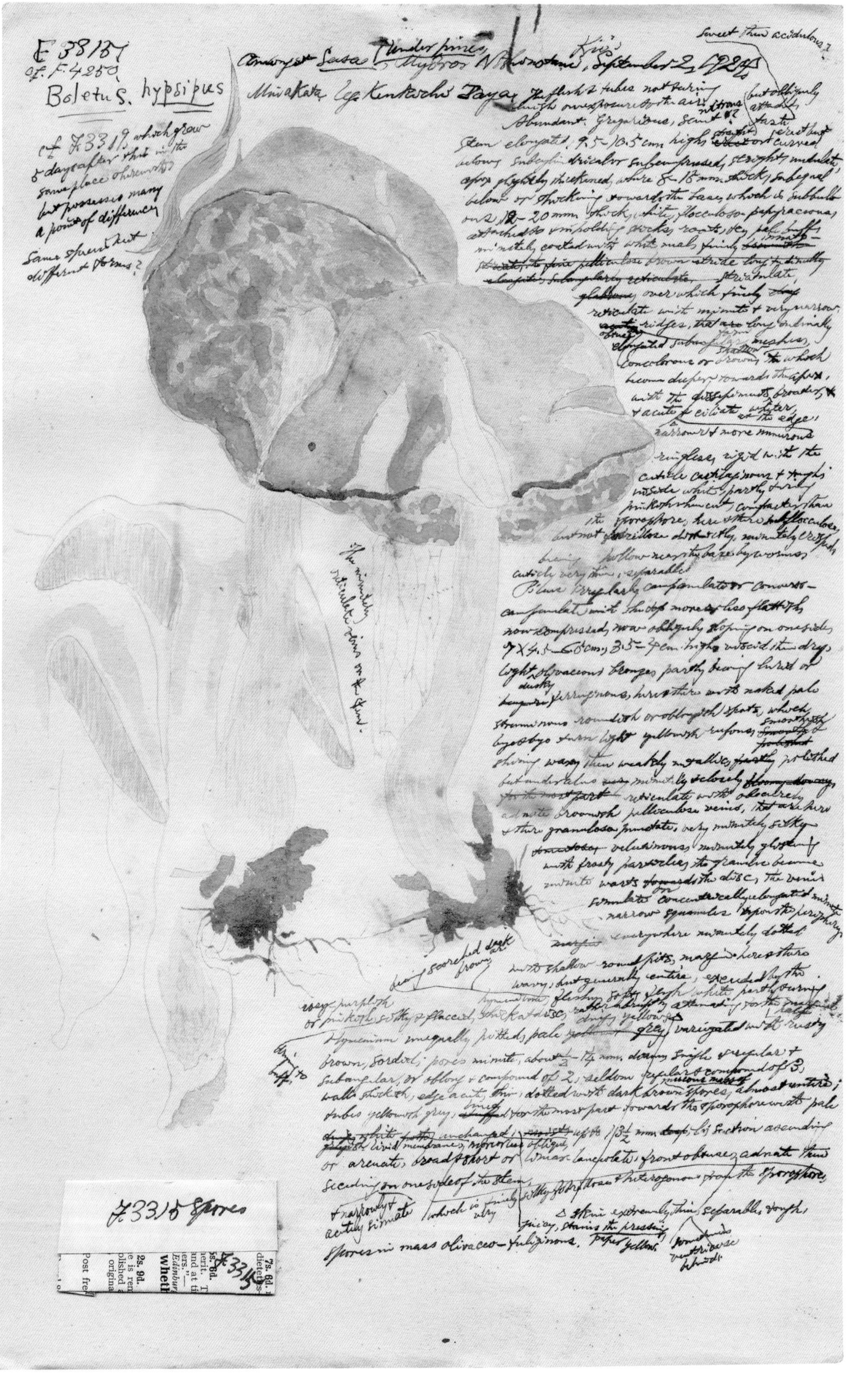

F. 3315　1924（大正13）年9月2日、西ノ谷の三四六にてマツ林のササの間に発生し、
多屋謙吉によって採集された。熊楠命名のイグチ属の新種。

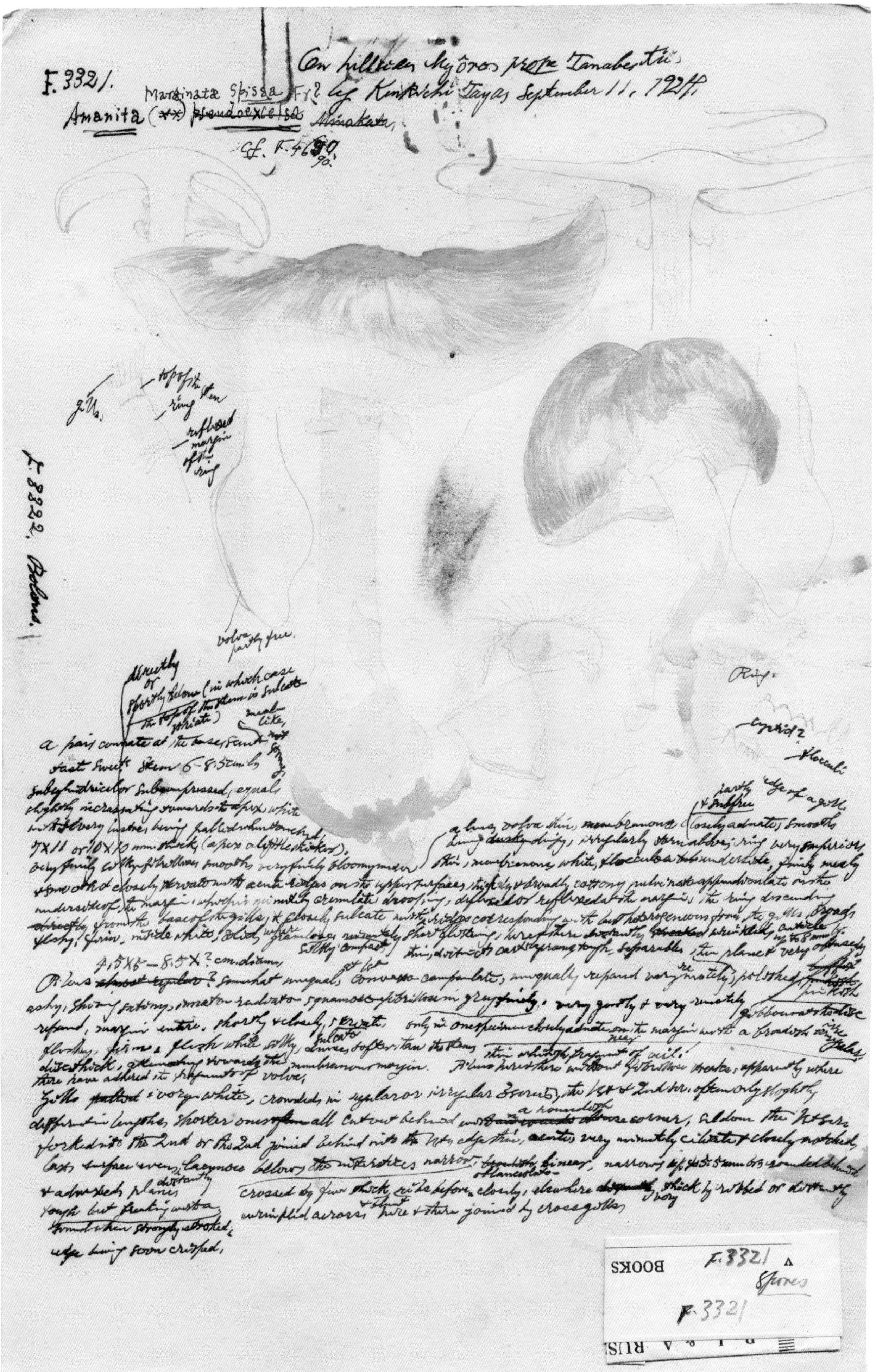

F. 3321 | 1924（大正13）年9月11日、西ノ谷の三四六にて斜面に発生し、
多屋謙吉によって採集された。ヘビキノコ？

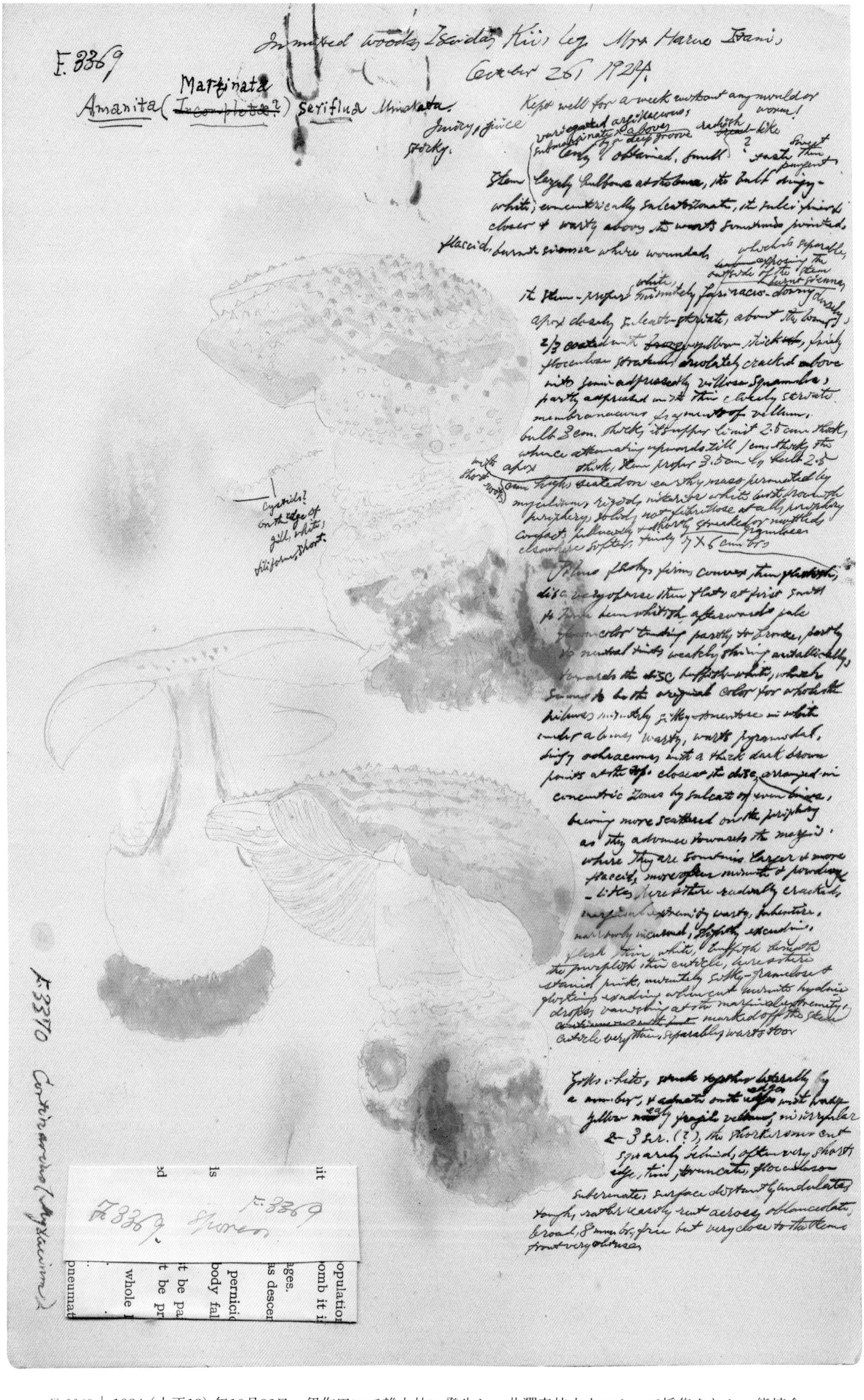

F. 3369　1924（大正13）年10月26日、伊作田にて雑木林に発生し、井潤春枝夫人によって採集された。熊楠命名のテングタケ属の新種。本図版を類似したテングタケ属きのこの F. 2018（前出）と比較した時、より写実的になった熊楠の彩色図の変化が感じられる。

F.3370
In mixed woods, Isada, Kii; leg. Miss Asae Hamamoto,
October 26, 1924.
The stem drawn reduced in length.
F.3370.
F.3370

F. 3370 | 1924（大正13）年10月26日、伊作田にて雑木林に発生し、浜本あさえ嬢によって採集された。熊楠命名のフウセンタケ属の新種。

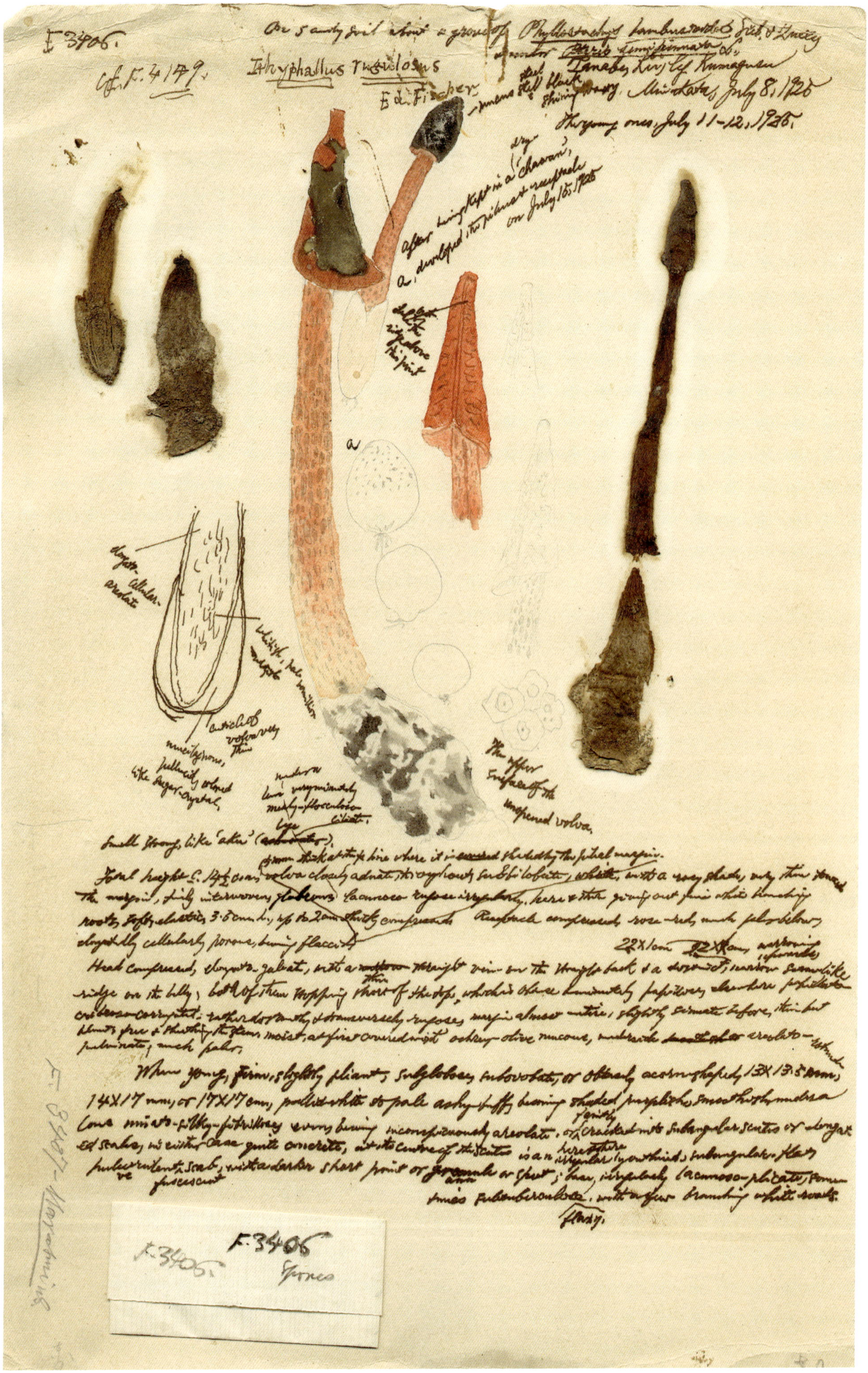

F. 3406 1925（大正14）年7月11-12日、田辺にてマダケの茂みに近いオオアマクサシダの下の砂地に発生し、熊楠によって採集された。キツネノタイマツ。この年の3月、南方家に不幸が襲った。高校受験のために高知へ渡った息子熊弥が現地で精神的病を発したのである。熊楠は全快を期待し、小康状態の時には、きのこの描画を指導し、顕微鏡観察の方法を教えた。

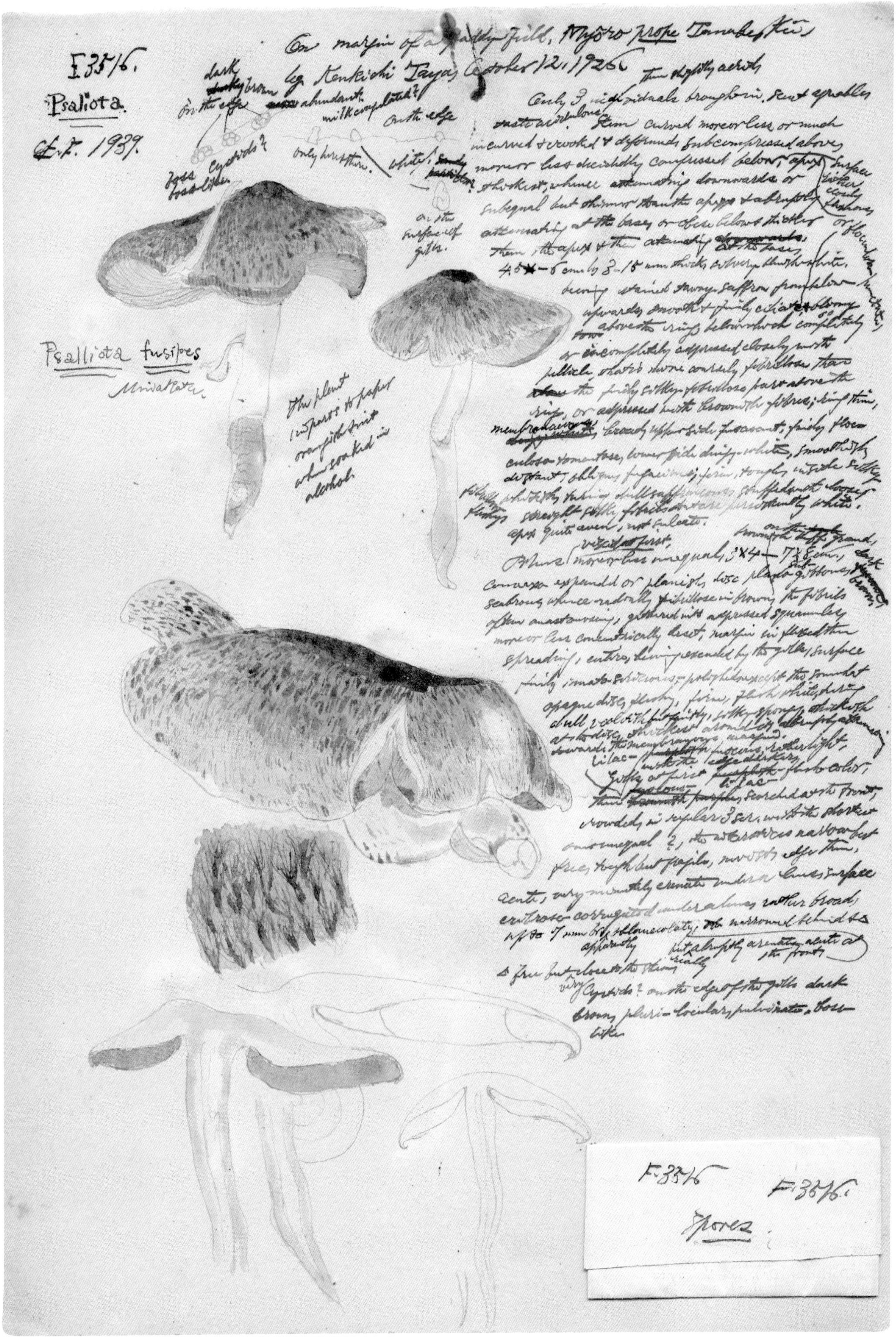

F. 3516　1926（大正15）年10月12日、田辺近郊の三四六にて田んぼの縁に発生し、多屋謙吉によって採集された。熊楠命名のハラタケ属の新種。1926年は、自宅療養の息子熊弥の介護に明け暮れた年である。一方、この年の12月から昭和天皇となる摂政宮へ変形菌（粘菌）標本を献上した記念すべき年でもあった。

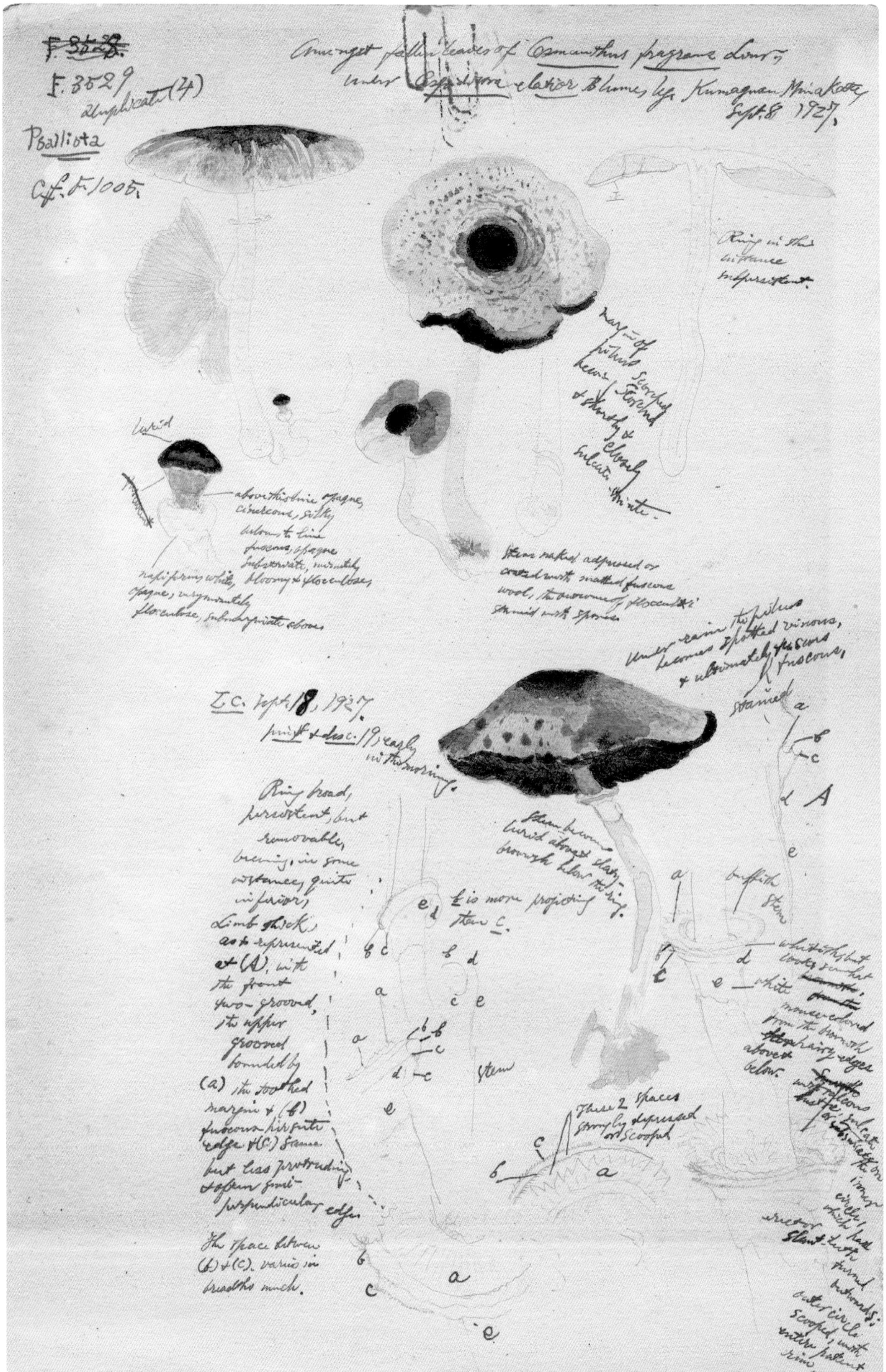

F. 3529　1927（昭和2）年9月8日、ハランの下のウスギモクセイの落葉の間に発生し、熊楠によって採集された。熊楠命名のハラタケ属の新種。この年の2月、熊楠は日本産変形菌（粘菌）196種の目録を学術雑誌に発表した。この発表以後、熊楠は変形菌の論文を発表することはなかった。

F. 3540　1927（昭和2）年9月25日、愛宕山にて斜面の林に発生し、植坂新耳とさかもとしょういちによって採集された。熊楠命名のフウセンタケ属の新種。1927年も前年に引き続いて息子熊弥の介護に追われた。しかし、5月に病状が悪化し、書きためた変形菌（粘菌）の図譜を破毀されるという事態となった。熊楠の心痛は極みに達したようだ。

F. 3589
with spores
On dead stump of
interwov
strigose
flocculose
– silky

F. 3589 | 1928（昭和3）年10月20日、妹尾にてクワの仲間とミズナラの腐朽切り株に発生し、熊楠によって採集された。未同定のきのこ。3年あまり自宅療養していた息子熊弥は、この年の5月に京都の岩倉病院に入院し、熊楠は久しぶりに採集旅行に出かけた。妹尾行は田辺営林署から国有林の植物調査を依頼されたことによる。また、熊弥は1960年に亡くなるまで病状が回復することはなかった。

On dead stump of Prunus pseudo-Cerasus Lindley,
Tanabe, Kii,
leg. Kumagusu Minakata, July 2, 1928.
S:
cologists for a host-index:
Scent strongly new-meal-like, taste sweetish, cool, subastringent. Pileus imbricate,
somewhat in rows,
horizontal

F. 3575　1928（昭和3）年7月2日、田辺にてシナミザクラの腐朽切り株に発生し、熊楠によって採集された。
未同定のきのこ。なぜかF番号が欠けている。

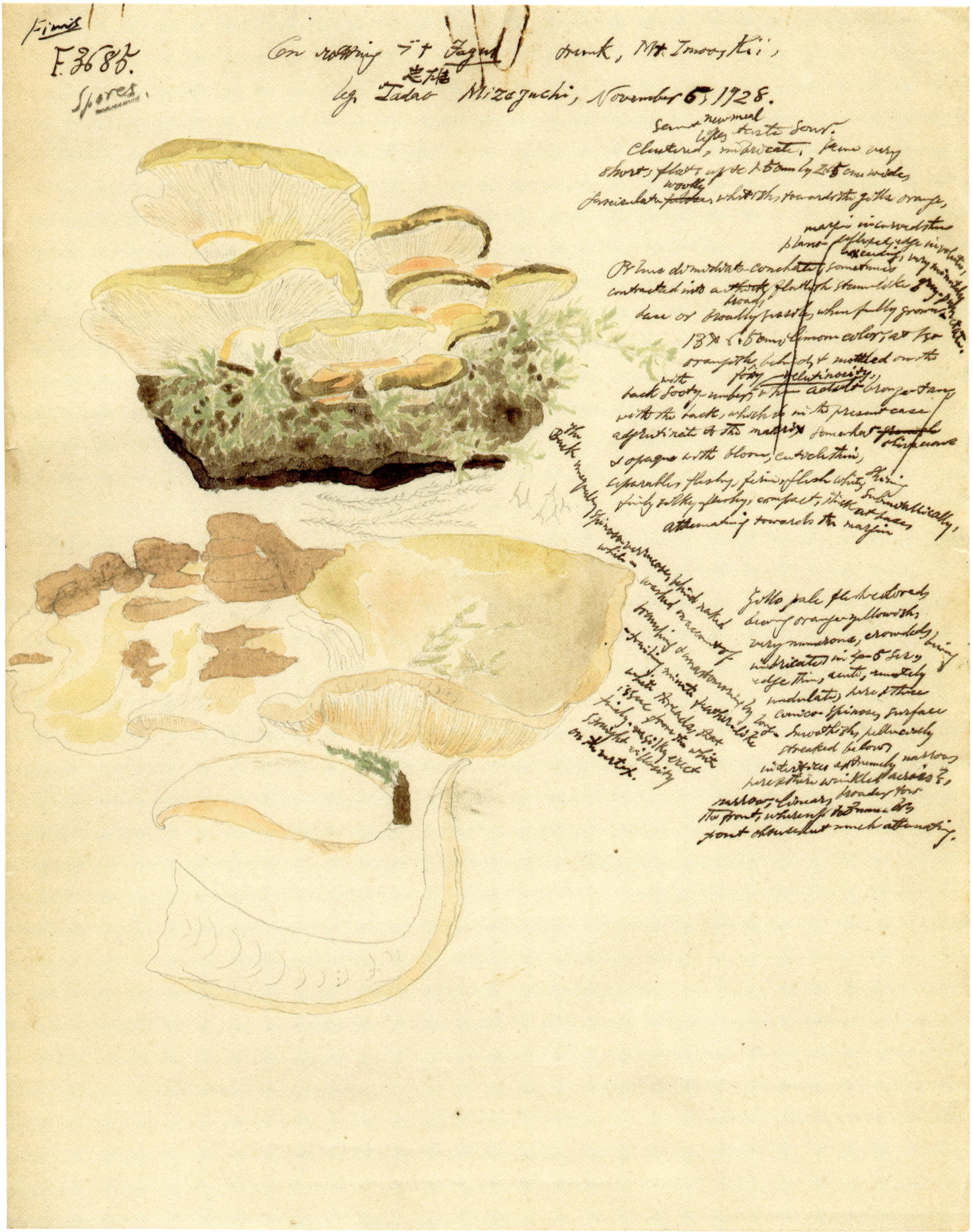

F. 3685 | 1928（昭和3）年11月5日、妹尾山にてブナの腐った幹に発生し、溝口忠雄によって採集された。
未同定のきのこ。

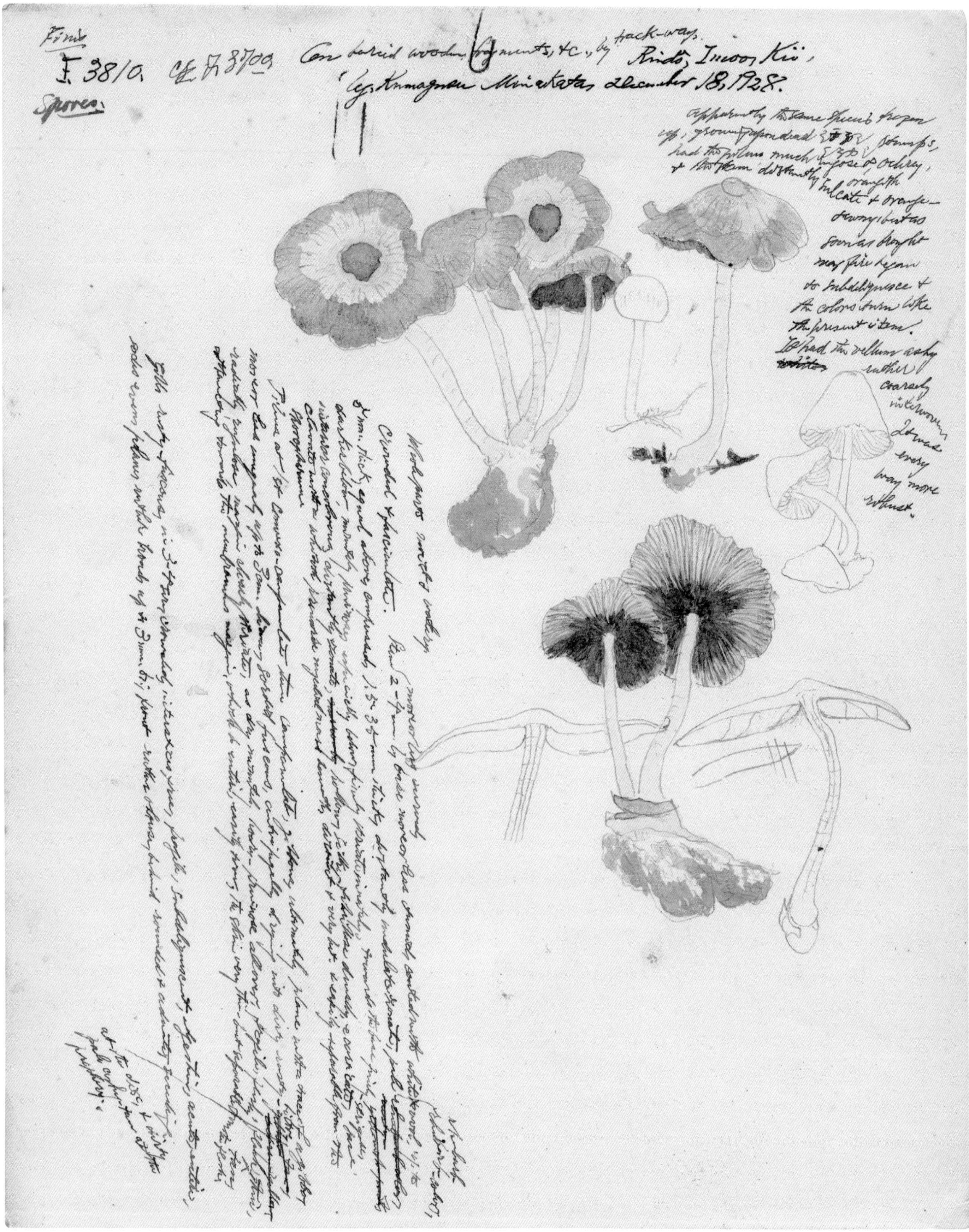

F. 3810　1928（昭和3）年12月18日、妹尾にて林道沿いの埋もれた材木に発生し、熊楠によって採集された。未同定のきのこ。

F. 3889　1928（昭和3）年12月18日、妹尾の苔ノ谷にて砂利だらけの冷たい小谷の埋もれた木片の間に発生し、大江喜一郎によって採集された。未同定のきのこ。厳寒の妹尾でリウマチによる腰痛に悩まされ、採集はもっぱら大江喜一郎が行った。寒さのため、彩色する筆先が氷結したこともあったことが和文の記述から窺われる。

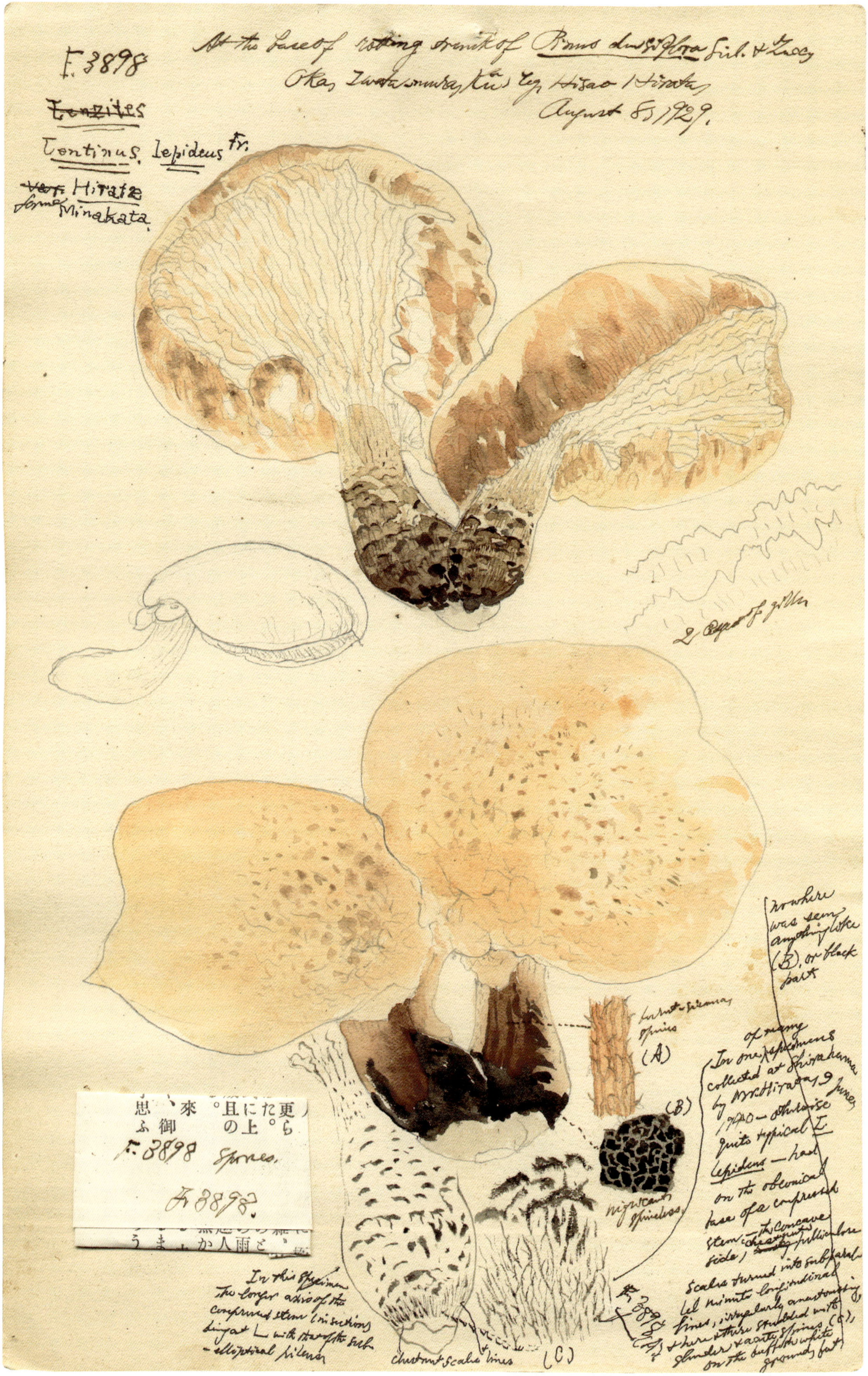

F. 3898　1929（昭和4）年8月8日、岩田村岡にてアカマツの腐朽幹の基部に発生し、平田寿男によって採集された。熊楠と平田の連名で命名されたマツオウジの新品種。採集者の平田寿男は、地元の小学校教師で、熊楠のきのこ研究の協力者である「きのこ四天王」の一人である。

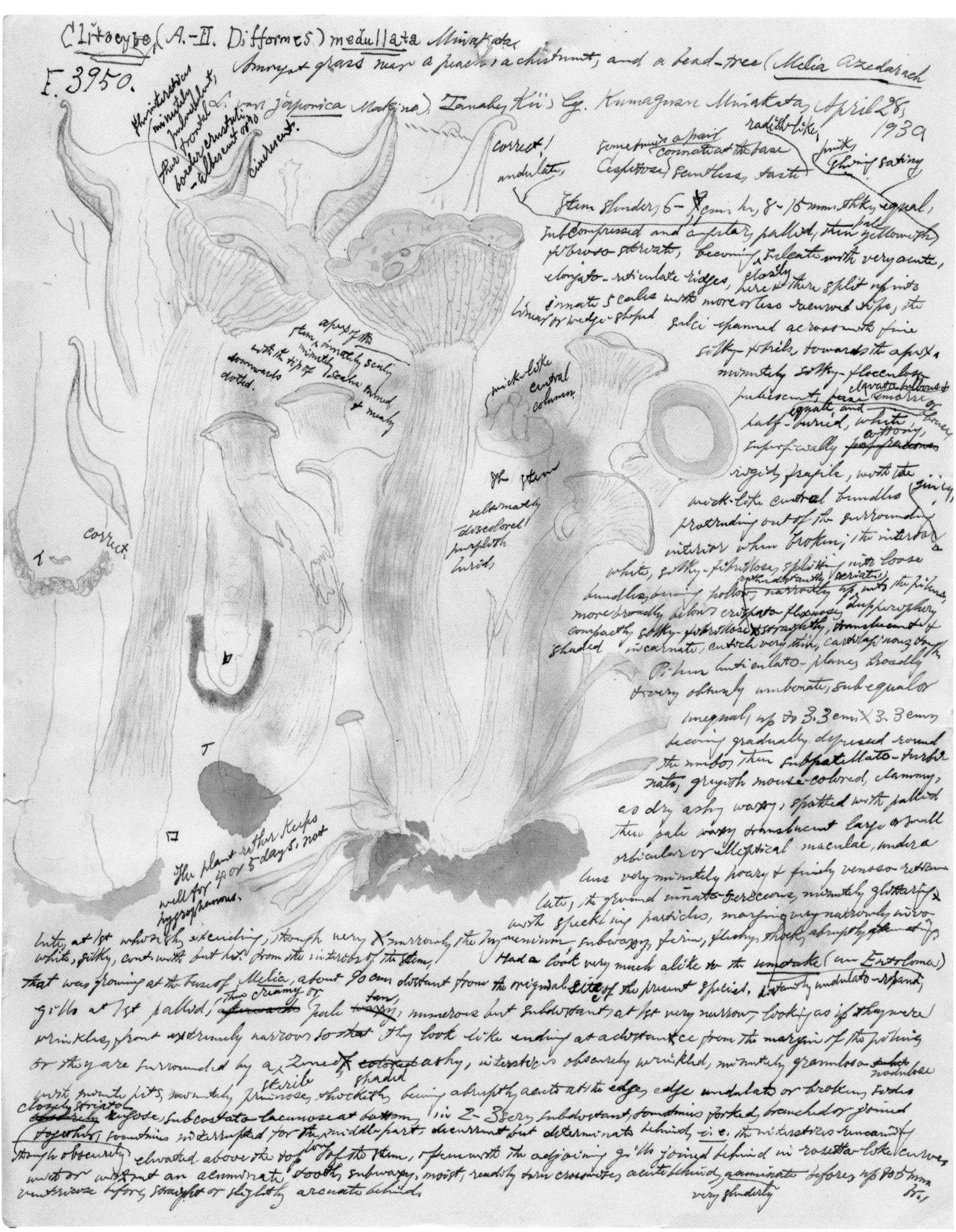

F. 3950 | 1930（昭和5）年4月28日、田辺にてモモとクリとセンダンの近くの草むらに発生し、熊楠によって採集された。熊楠命名のカヤタケ属の新種。

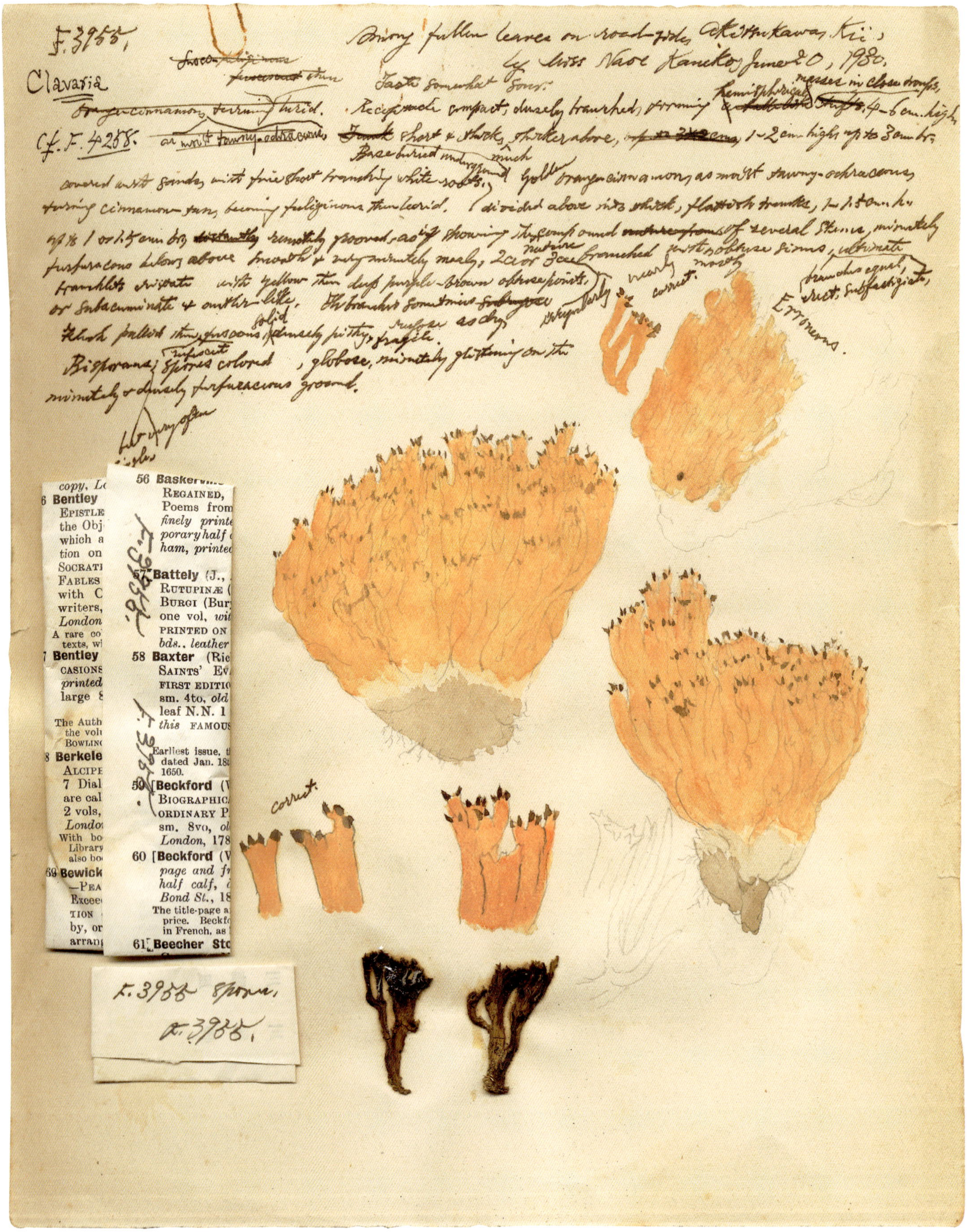

F. 3955 | 1930（昭和5）年6月20日、秋津川にて道端の落葉の間に発生し、金子なおえ嬢によって採集された。
未同定のホウキタケ属のきのこ。

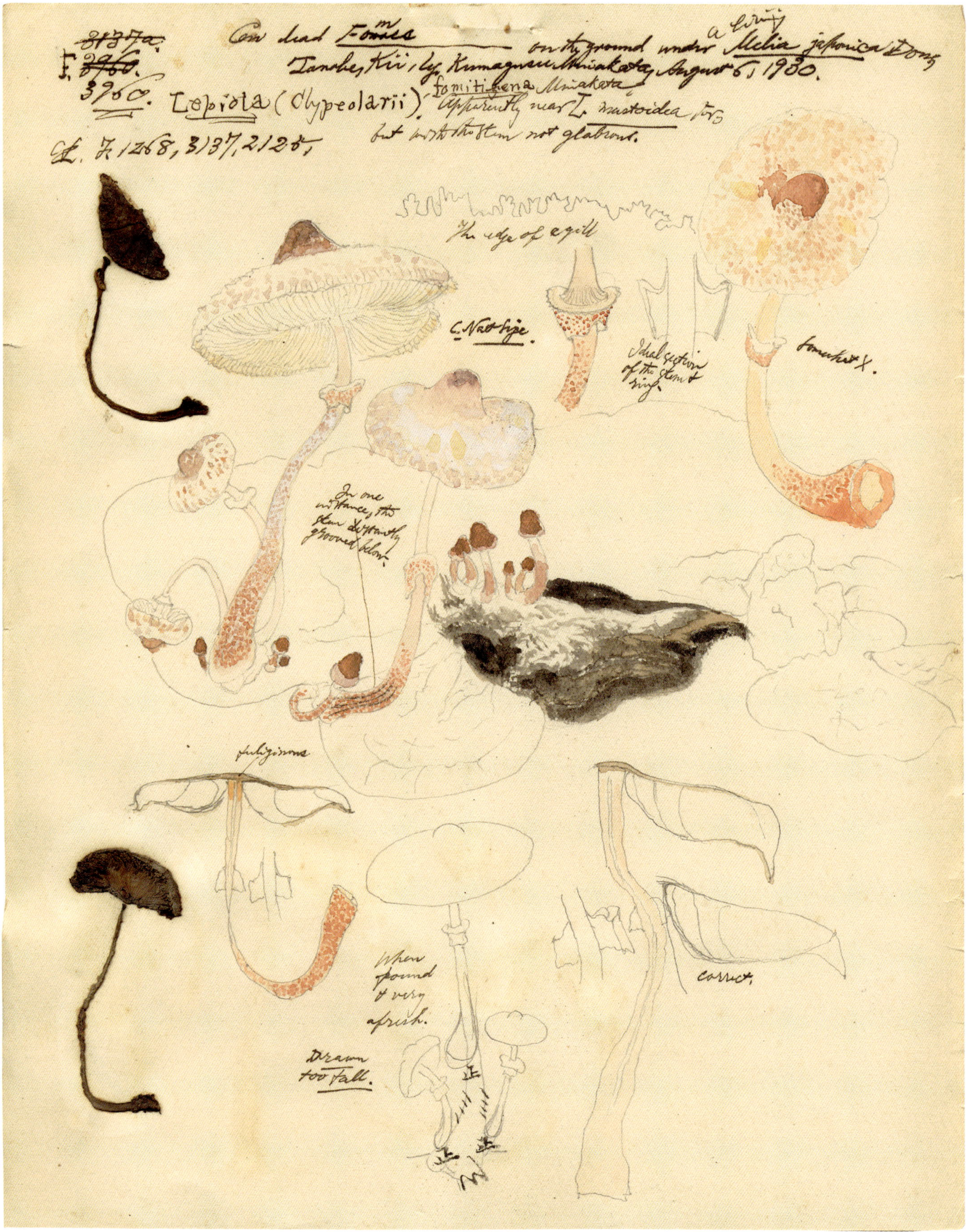
On dead Fomes on the ground under a living Melia japonica Don,
F. 3960.
Tanabe, Kii, by Kumagusu Minakata, August 6, 1930.
3960. Lepiota (Clypeolarii) fomitigena Minakata
Apparently near L. mastoidea Fr.
but with the stem not glabrous.
Cf. F. 1268, 3137, 2125,
The edge of a gill
c. Nat. size.
Ideal section of the stem & ring.
In one instance, the stem distinctly grooved below.
fuliginous
When found
Drawn too tall.
correct.

F. 3960　1930（昭和5）年8月6日、田辺にてセンダンの下の地面の朽ちたツリガネタケの仲間に発生し、熊楠によって採集された。熊楠命名のキツネノカラカサ属の新種。

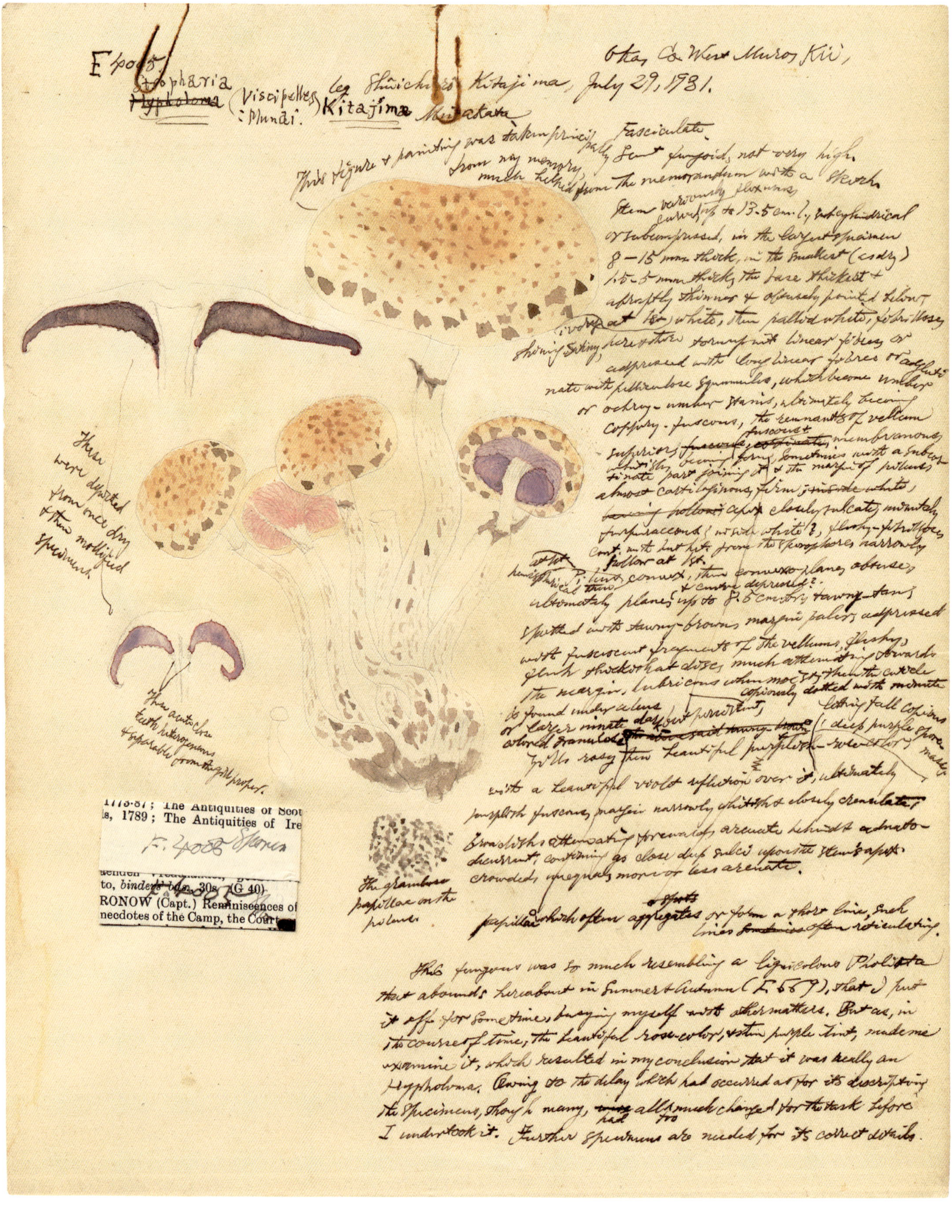

F. 4005
Stropharia
Hypholoma (Viscipelles Plumbi.) Kitajima
July 29, 1931.
The Antiquities of Scot
1789; The Antiquities of Ire
RONOW (Capt.) Reminiscences of
necdotes of the Camp, the Court
This fungus was so much resembling a lignicolous Pholiota that abounds hereabout in Summer & Autumn (F. 559), that I put it off for some time, busying myself with other matters. But as, in the course of time, the beautiful rose-color, & then purple tint, made me examine it, which resulted in my conclusion that it was really an Hypholoma. Owing to the delay which had occurred as for its description the specimens, though many, had all too much changed for the task before I undertook it. Further specimens are needed for its correct details.

F. 4005　1931（昭和6）年7月29日、西牟婁郡岡にて発生し、北島脩一郎によって採集された。熊楠命名のキツネノカラカサ属の新種。採集者の北島脩一郎は、田辺高等女学校の博物教師で、熊楠のきのこ研究の協力者である「きのこ四天王」の一人である。

F. 4007 | 1931（昭和6）年9月23日、西牟婁郡岡の八上にてツブラジイの下に発生し、北島脩一郎によって採集された。熊楠命名のハラタケ属の新種。

F. 4035　1932（昭和7）年8月22日、田辺にてツバキの腐った倒木に発生し、熊楠によって採集された。熊楠命名のスギタケ属の新種。本図版は、熊楠の娘文枝の描いた彩色図である。文枝によれば、この頃から彩色図作成の手伝いを始めたようだ。「いくら精魂こめて描いても、父はなかなか気に入らず、そうですね。二百枚ぐらい描いてようやく合格しました。」と、回想している。

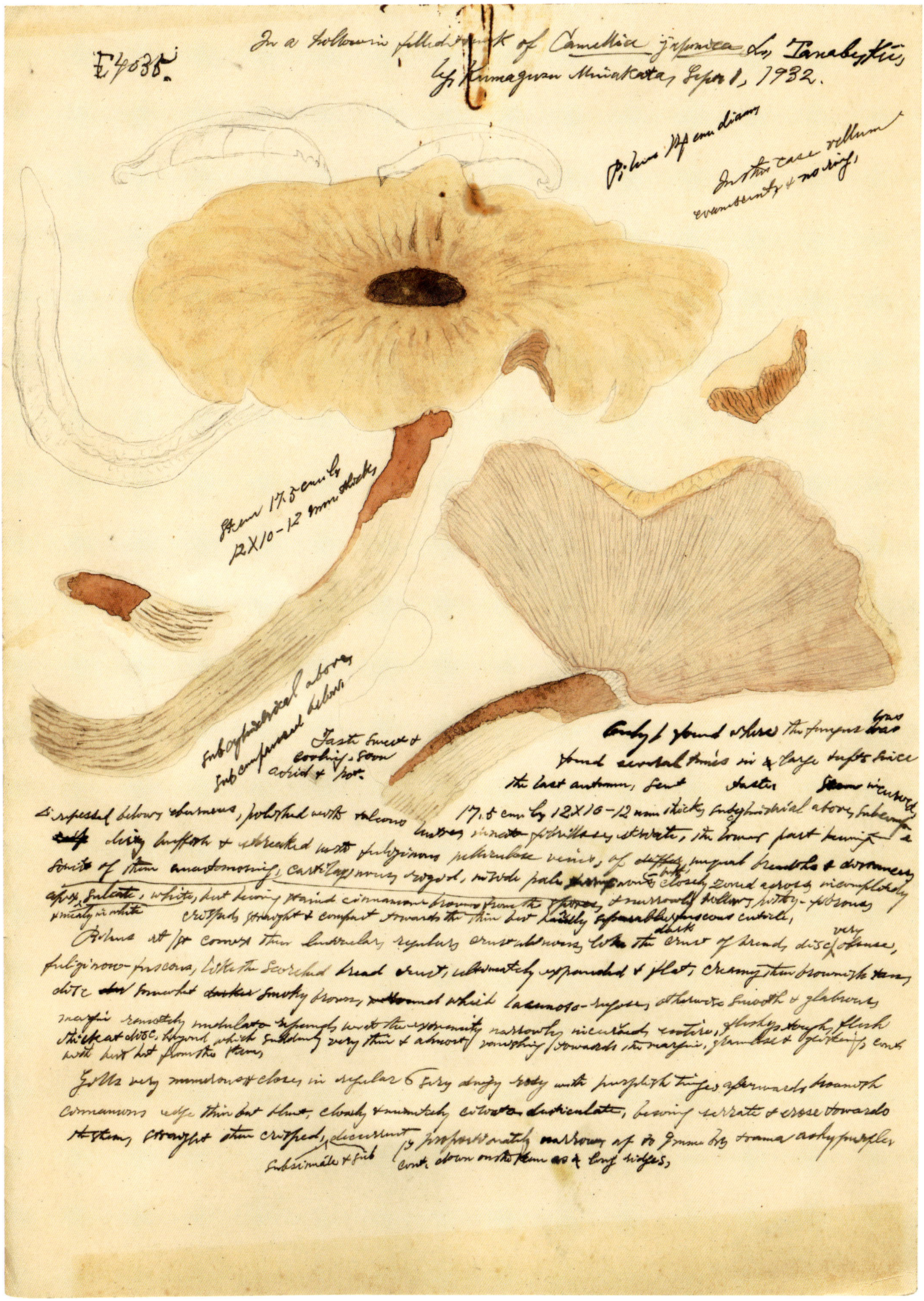

F. 4035 ｜ 1932（昭和7）年9月1日、田辺にてツバキの倒木の洞に発生し、熊楠によって採集された。熊楠命名のスギタケ属の新種。前図版と同じ場所で採集した同種のきのこを65歳の熊楠が描画した。娘文枝へ手本を示すつもりの彩色図と言うより、前図版とセットを成すものとして描かれたのだろう。

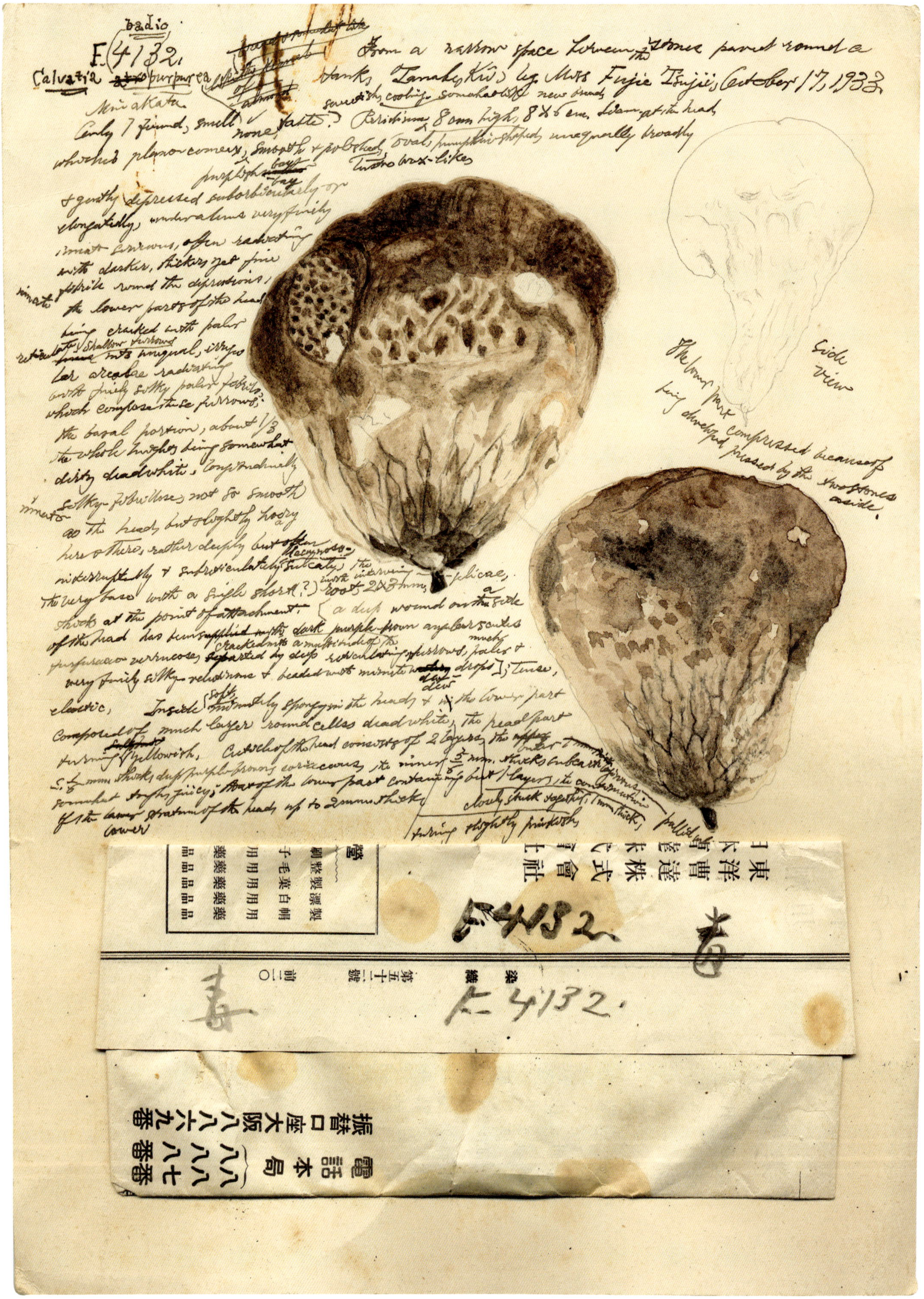

F. 4132 | 1933（昭和8）年10月17日、田辺にて水槽の周囲に敷き詰められた石の隙間から発生し、つじいふじえ嬢によって採集された。熊楠命名のノウタケ属の新種。

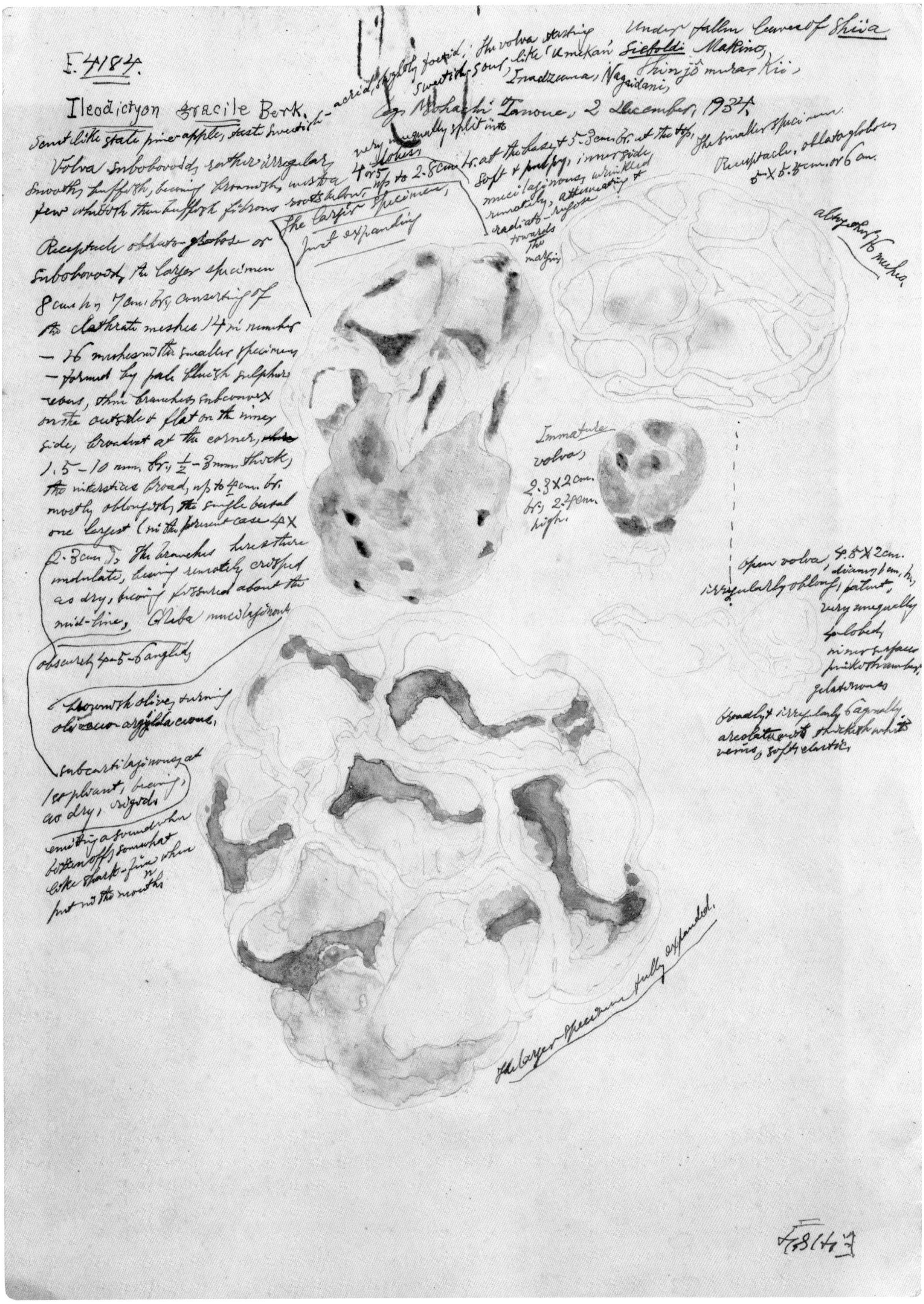

F. 4184　1934（昭和9）年12月2日、新庄村長井谷稲妻にてイタジイの落葉の下に発生し、田上茂八によって採集された。カゴタケ。日付の表し方の順序が月日年から日月年に変更されている。変更のきっかけは今のところ不明である。採集者の田上茂八は、地元の小学校教師で、熊楠のきのこ研究の協力者である「きのこ四天王」の一人である。

F. 4198 | 1935（昭和10）年4月4日、新庄村稲妻にてアラカシの下に発生し、田上茂八によって採集された。熊楠と田上の連名で命名されたフウセンタケ属の新種。

E. 4220.
Cf F. 416, but very different,
Psalliota
arvensis (Schaeff.) Fr. var. subdeliquescens Minakata
legi Mohachi Tanoue, 30 May 1935.
Another very perfect specimen was gathered by Mr. Mohachi Tanoue in a bamboo grove, 18 June 1937.

F. 4220　1935（昭和10）年5月30日、新庄村稲妻にて竹林に発生し、田上茂八によって採集された。熊楠命名のシロオオハラタケの新変種。この年の12月に、熊楠が1930年より植生保全のために奔走してきた神島は、国の天然記念物に指定された。以後、日本産菌類図譜5000種の完成に精力を注ぐこととなる。

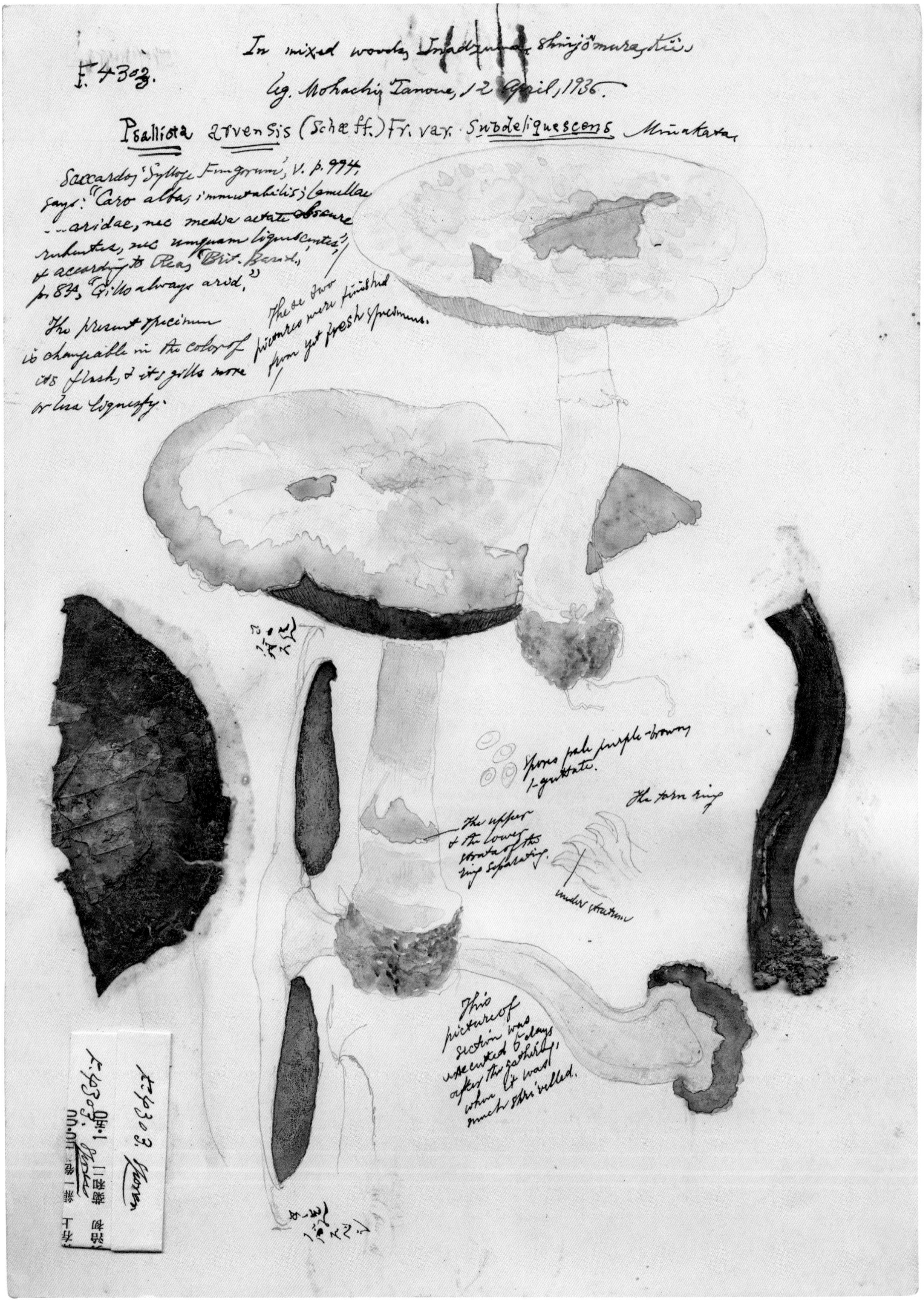
F. 4303.
leg. Mohachi Tanoue, 12 April, 1936.
Psalliota arvensis (Schaeff.) Fr. var. subdeliquescens Minakata
Saccardo's 'Sylloge Fungorum,' V. p. 994, says: "Caro alba, immutabilis; lamellae ... aridae, nec media aetate obscure rubentes, nec unquam liquescentes";
The present specimen is changeable in the color of its flesh, & its gills more or less liquefy.
These two pictures were finished from yet fresh specimens.
Spores pale purple-brown, 1-guttate.
The torn ring
The upper & the lower strata of the ring separating.
under stratum
This picture of section was executed 5 days after the gathering, when it was much shrivelled.

F. 4303　1936（昭和11）年4月12日、新庄村稲妻にて雑木林に発生し、田上茂八によって採集された。熊楠命名のシロオオハラタケの新変種。晩年のこの図版は、同じ種類のきのこを描画した前図版の F. 4220 と関連づけられていない。

F. 4373 1939（昭和14）年5月1日、新庄村稲妻にて雑木林の朽ちた倒木の芯に発生し、田上茂八によって採集された。熊楠と田上の連名で命名されたウラベニガサの新品種。熊楠最晩年の1930年代後半に多くの菌類図譜が作成された。そのほとんどは、娘文枝による彩色図で、本図版のように熊楠自身が彩画したものは少ない。

F. 4377　1937（昭和12）年2月21日および1939年4月16日、新庄村稲妻にて雑木林に発生し、田上茂八によって採集された。熊楠と田上の連名で命名されたフウセンタケ属の新種。難読かつ難解の熊楠日記は、田辺市の南方熊楠顕彰館に保管されている。現在、翻刻および公表は進行中であり、晩年の日記には着手したばかりである。菌類図譜作成の様子を彷彿させる日記の公表が待ち遠しい。

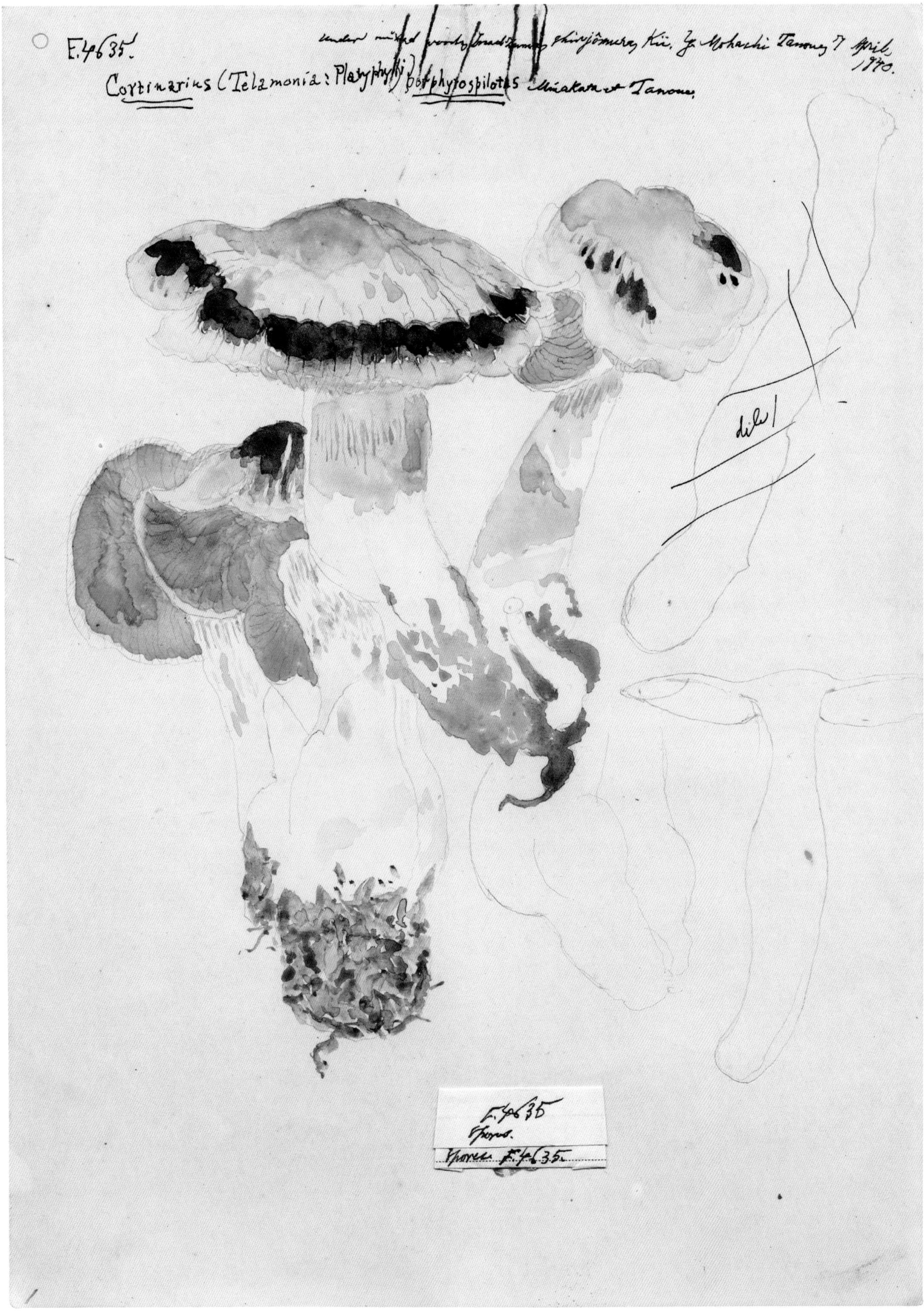

F. 4635 1940（昭和15）年4月7日、新庄村稲妻にて雑木林に発生し、田上茂八によって採集された。熊楠と田上の連名で命名されたフウセンタケ属の新種。彩色のタッチや断面図の線は、年による衰えを感じさせない。セットになった同じF番号の別の図版には相変わらず細字の英文がびっしりと書かれている。

F. 4669. = F 1240 (B).
On damp soil amongst heaps of dead twigs + culms, Tanabe, Kii, 19 July, 1940, by Kumagusu Minakata. after a heavy rain,
Psaliota ombrophila Minakata
The pilei should be painted as in F. 1240 (B). Not so greenish as here represented.
(76)
F. 4669
F. 4669

F. 4669 1940（昭和15）年7月19日、田辺にて枯れた小枝や幹を積んだ湿った地面に発生し、熊楠によって採集された。熊楠命名のハラタケ属の新種。等号（=）で結ばれたF. 1240の図版（前出）と比較して見ると、ひだの表現が粗雑に感じる。絵としてはどのような印象を皆さんに与えるのだろうか。熊楠は、翌1941年12月29日に没した。享年、74。

南方熊楠の菌類研究と彩色図譜

萩原博光［国立科学博物館植物研究部研究主幹］

熊楠の研究した生物学は、自然史（Natural History）であり、いわゆる博物学の範疇に入る。1900年にロンドンから帰国した熊楠は、日本では研究が遅れていた隠花植物の調査、中でも菌類と藻類の調査に重点を置いたが、その後の紆余曲折により、それなりに成就したのは変形菌（粘菌）の研究のみと言っても過言ではない。しかし、菌類に関しては晩年まで調査を続け、日本産菌類図譜の出版を願望していた。

熊楠が調査の対象にした菌類は、微小菌から大型菌まで全般にわたっている。しかし、図譜として残されているのは、大型菌、つまり一般に「きのこ」と呼ばれているものがほとんどである。ほぼA4サイズの画用紙に描かれており、各図版の左上には菌類（Fungi）を意味する「F.」の付いた番号がつけられている。現在、茨城県つくば市にある国立科学博物館植物研究部標本庫に保管されている菌類図譜のうち、最小の番号は「F. 2」（1900年採集）であり、最大は「F. 4755」（1940年採集）である。全図譜を電子情報化するため、2002年から2003年にかけて図版をスキャナーで取り込んだところ、その数は3411枚であった。つまり、相当数の図版が欠けていることがわかったのである。

「F.」番号以外の図版も残されているが、数は少ない。熊楠は、植物研究所設立の募金活動のため、1922年に上京した際、足をのばして日光で菌類の採集をした。その時に作成された図版には日光を意味する「N.」が番号につけられており、約100枚が同上の標本庫に保管されている。

驚異の頭脳データベース

熊楠の菌類図譜を見て、少々誇張して言えば、その図版のユニークさに度肝を抜かれる。まず驚くのは、きのこの彩色図に添えられた文字である。きのこの特徴が細字の英文でびっしりと書かれている。多くの場合、引き出し線が縦横に飛び出している。時には、文字が図のきのこを縁取るようにA4サイズの図版を埋め尽くしていることもある。

これらの英文は、熊楠が後に菌類図譜を出版するためのメモであるから、他人にわかりやすく書いてあるわけではない。線で引き出された単語や文が、本文とどのようにつながっているのかがわかりにくいこともある。基本的にはきのこの分類学的記述の順序にしたがって特徴が書かれており、記述の文章、つまり「記載文」に慣れている研究者には取りつきやすい文章構造である。

しかし、門外漢には、きのこの彩色図の背景のように見える。難読の英文をちょっと読んでみようとした時、知っている単語を見つけてやや親しみを持ち、つながりの文を理解して喜ぶという「解読」の楽しみを与えてくれるものの、述語のない文章に戸惑うことだろう。1枚の図版を読み解くのは、ちょうどジグソーパズルを完成させる行為に似ている。

その解読作業、すなわち英文の浄書は、ほぼ完了している。北海道大学農学部を1924（大正13）年に卒業した松木豊雄さんが、先の敗戦から復員した時、熊楠の長女・文枝さんの夫君である岡本清造さんの依頼に応えて浄書したことを、私は和歌山県田辺市にある南方邸で文枝さんから直接お伺いした。

驚きは、細字の英文ばかりではない。図版上に貼られている暗褐色に変色し、異様に盛り上がった物体の存在である。それは、平たく押しつけて乾かしたきのこの実物である。大きいきのこの場合には、ナイフで縦に切った切片が何枚も貼ってある。分類学者にとって、図は二次的資料の扱いであるから、当然ながら一次的資料の実物がなければ科学的価値が下がる。とは言うものの、現在のきのこ学者は、きのこの実物をちょうど干しシイタケのように乾燥させて箱や紙袋に入れ、証拠標本として保存している。熊楠のように図版上に貼り付けることはしない。

一方、植物学者は昔から、実物を腊葉標本にしてA3サイズの台紙に貼付し、保存している。いわゆる「押し葉標本」である。熊楠の菌類図譜はまさにきのこの「押し葉標本」なのである。図版上に貼付された小さい紙袋には、きのこを分類する上で重要な特徴となる胞子が雲母に挟まれておさまっている。

写真1　書斎できのこを写生中の熊楠
1931年11月13日、今井三子撮影
南方熊楠顕彰館蔵

かくして、熊楠の菌類図譜は、きのこの実物にその彩色図と記載文がセットされており、きのこ標本として超一級資料なのである。

次に、熊楠の菌類図譜を整理して驚いたことは、図を眺めていただけではわからないことであるが、同じ番号の図版が複数あることが多く、時には10枚近くもあることである。同一番号の図版の中には、彩色図のみのもあれば、実物標本のみのものもあるが、多くの場合、同種のきのこが別の場所や別の時期に得られた時に追加した図版である。

番号の次に、「Duplicate」とか「B」や「b」とかの文字がつけられている。また、等号の「=」をつけて番号は違うが同種であることを示している例にもぶつかる。さらに、番号の後に、「cf.」をつけて違う番号が書かれていることもあり、それは後の番号の図版を参照しなさいという意味である。

これらの指示は、熊楠の図を利用する立場のものにはきわめて有り難いことである。しかし、図を作成する立場に自分を置いた時、数千枚の図をこのように整理することは容易でないと悟る。書き込みのインクの状態からは、新たに採集して追加したきのこが、過去のどの図版のきのこと関連があるかを判断して記したことが読み取れる。

熊楠の書斎は、文枝さんによれば、「所狭しと顕微鏡も書籍も書きかけの原稿も参考書もならべられ、あいているのは自分の坐る場所だけ」だったようである。書斎が写っている写真からも、菌類図譜が整然と分類されて置かれていたようには見えない（写真1）。当時は多方面の活躍で多忙を極めていたはずだから、関連する図版を探し出して比較する時間的余裕もなかったに違いない。記憶力のきわめて良い熊楠の頭脳には、図版の番号とそれに関連する彩色図や記載文の内容がデータベース化されていたようだ。

菌類図譜のルーツ

熊楠の菌類図譜は、1947年に結成されたミナカタ・ソサエティによって整理作業が行われ、その結果、南方邸に残されていた図譜は「F. 1」（1900年採集）から「F. 4782」（1941年採集）まであり、そのうちの1689種が新種、すなわち新発見のきのことして熊楠と彼の弟子たちによって命名されていることがわかった。

それは、衝撃的な事実であった。と言うのは、著名な植物学者である牧野富太郎は例外的に2500の植物に学名をつけているものの、南方熊楠賞を受賞した、日本を代表するきのこ学者・本郷次雄先生ですら約200種である。その事実は独り歩きを始め、門外漢には伝説となり、逆に一部の分類学者にはあり得ないこととして、熊楠はアマチュア研究者あるいはコレクターとしての評価にとどまっている。

熊楠は命名したきのこを新種として発表していない。そのため、それらは図版の上だけの新種であり、公には認められていない。

それにしてもなぜ次々と新しい名前を付けたのだろうか。

1900年に帰国してからの熊楠の日記には、随所にきのこを採集した記事が見られる。単に採集しただけではなく、彩色図を描いたことが「画ス」や「画添」などという表現で示されている。

熊楠の図譜作成のルーツは、幼少時代までさかのぼる。『和漢三才図会』や『本草綱目』などの図を模写したことは残存する遺品から明らかである。博物学を志向した熊楠にとって描画はかなり日常的なことであり、日記や書簡にもよく図が描かれている。

きのこの描画は、一期一会の自然との対話である。熊楠の態度は、真摯そのものであったようだ。目の悪くなった晩年の熊楠から描画を任された娘の文枝さんは、きのこのひだの分かれ方、ひだと茎の接し方、かさの表面の模様などを正確に描くことを要求され、何枚も書き直しをさせられたことを回想して

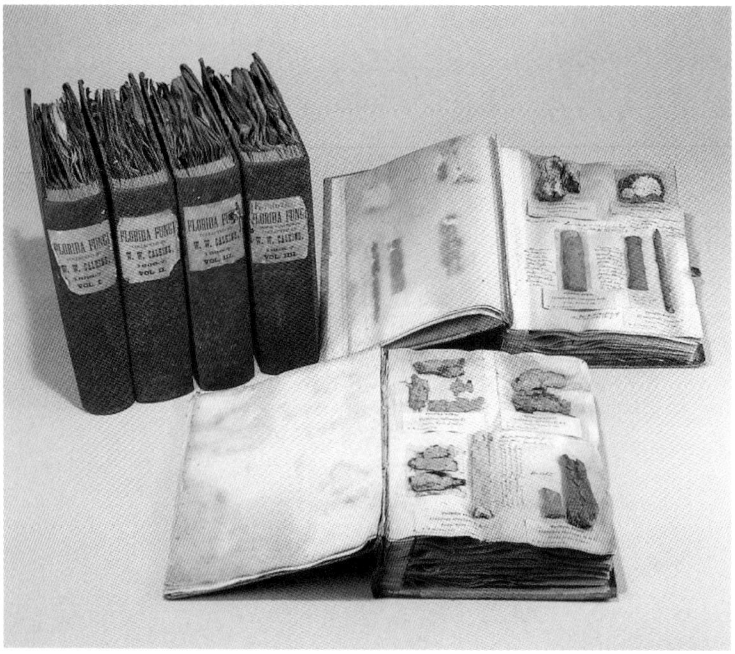

写真２　カルキンスから贈られたフロリダ産菌類標本集（全６冊）
国立科学博物館蔵

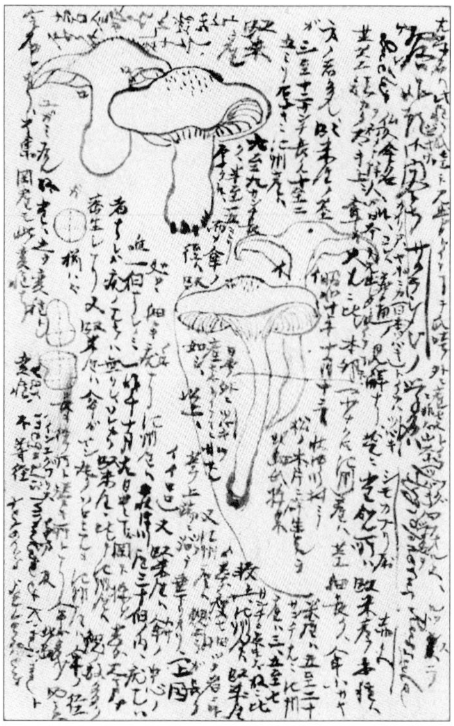

写真３　きのこ研究の協力者である樫山嘉一に
宛てたハガキ　樫山嘉郎蔵
財団法人南方熊楠記念館寄託

いる。画家の描いたきのこの図を正確でないとけなしたりしたという。きのこの特徴の記述も、雑誌の記事や書簡に比べると躍動感も面白味もなく、真面目そのものである。

熊楠の菌類図譜の形式が整ったのは帰国してからであり、その原型は北米時代に見られる。シカゴに住むアマチュア菌類学者ウィリアム・カルキンス（1842-1914）の影響を受けてフロリダとキューバへ向かった熊楠は、たくさんの生物標本を得た。菌類標本をまとめた北米産菌類標本集は、厚手のスクラップブックの外観をしており、綴じられた紙には標本が直接あるいは紙袋に入れられて貼付されている。その傍らに彩色されたきのこの図が描かれ、特徴が英文で書かれていることもある。誰もが、この菌類標本集を見た瞬間に、熊楠の菌類図譜の原型だと直感する。

北米産菌類標本集を作成する前に、カルキンスから寄贈された地衣類や菌類を貼付した北米産地衣類標本集や、フロリダ産菌類標本集が作られており、標本の傍らに参照した文献に載っていた説明文が書き写されている（写真２）。文献からの引用文が、自分の観察記録に置き換わり、その記録の順序が定型化されたのが熊楠の菌類図譜である。記録の順序は、1872年創刊のイギリスの隠花植物学雑誌『グレヴィレア（Grevillea）』か1885年創刊のアメリカの菌学雑誌（Journal of Mycology）を参考にしたことが上記の標本集の参照文献から推測される。

幻の出版計画

本文の冒頭で、熊楠は日本産菌類図譜の出版を願望していた、と私は書いた。残存している熊楠書簡からはそのように読み取れるからである。図譜を一瞥してわかるように、そのままでは出版できない。熊楠の書簡によれば、彩色図を忠実に再現してくれる職人が見つからないことや、たとえ見つかったとしても莫大な経費がかかることが述べられ、そのために出版が難しいと嘆いている。

最近の熊楠研究では、熊楠の書簡には誇張やリップサービス的な表現の多いことが指摘されている。熊楠が細やかな心遣いの持ち主であることは知られており、協力者に対してお礼をしたいという気持ちをいつも持っていたように思われる。きのこ研究の協力者に対する場合、きのこについて実に懇切丁寧な指導をしたり、新種のきのこの命名者に名前を加えたりしている（写真3）。お礼の気持ちの表れとして、図譜出版を願望したことは熊楠の人柄からごく当然のことと思われる。

しかし、熊楠自身には出版の意志がなかったと私は思っている。そう思う根拠は、熊楠が変形菌研究に鋭い観察眼を持ち、新種と判断する変形菌を発見しても自らは一つも発表しなかった理由と共通したものである。

熊楠は、帰国後に隠花植物調査に進んだわけを書簡で述べている。それによると、帰国に際して大英博物館植物研究部門の隠花植物学者ジョージ・マレー（1858-1911）から研究の遅れている日本の隠花植物の調査を勧められたという。分類学の後進国の研究者は、先進国の専門家へ採集した標本を送って鑑定を依頼し、その結果をふまえて勉強を重ね、力をつけて専門家へと育っていった。熊楠は、藻類に関してはイギリスの淡水藻学者ジョージ・S・ウェスト（1876-1919）に共同研究を持ちかけた。持ちかける相手の見つからなかった変形菌に関しては大英博物館の旧知のマレーへ標本を送った。ウェストからは快諾の返事を受け取ったものの、彼は1919年に急逝してしまい、淡水藻調査は頓挫した。

一方、変形菌標本はイギリスの変形菌学者アーサー・リスター（1830-1908）の手に渡り、熊楠との交流が始まった。交流は、変形菌研究を引き継いだ娘のグリエルマ・リスター（1860-1949）の代まで続いた。熊楠は、日本産変形菌の種数を約20から196に増やし、日本の変形菌研究を先進国入りさせたのである。しかし、熊楠は専門家の道に進まなかった。熊楠と弟子たちにより170以上の変形菌に新しい名前を付けたが、新種として発表することはなかったのである。

また、帰国時に戻ろう。マレーに勧められて隠花植物調査を始めた熊楠は、きのこと淡水藻の調査に精力を集中した。淡水藻の顕微鏡用プレパラート標本の作成に苦心したことが日記から推察される。熊楠は、作成した淡水産紅藻類のプレパラート標本にコメントをつけ、海藻学者岡村金太郎に問う形で鑑定を依頼した。その問答は、1904年発行の『東洋学芸雑誌』に掲載されている。依頼の理由として顕微鏡が粗末であることと文献が不備であることを述べている。海藻学者遠藤吉三郎の返答からは熊楠の観察力の優れていることが窺われる。本図集に収録の、1918年に採集したきのこの図版である「F. 2116」には顕微鏡で観察した胞子が600倍で描かれているし、遺品の中には決して粗末ではない顕微鏡が残されている。したがって、研究上の顕微鏡に不備はなかったと考えられる。

しかし、文献に関しては、基礎的な図鑑類は揃えられていたが、最新情報の掲載されている学術雑誌はまったく不備であったと言える。新種と断定するために必須な文献が不備であったことに加えて、多方面の活躍と最愛の息子・熊弥さんの介護のために菌類研究に使える時間が少なかったことは、専門家の道に進む上で大きな障害になったと思われる。

菌類図譜の活用

熊楠の菌類図譜は、今後どのように活用されていくだろうか。これまでは、各地で開催された熊楠関連の企画展において熊楠の隠花植物研究を紹介するために使われてきた。美術館の企画展示では、ボタニカル・アートの観点から扱われた。1989年に発行された『南方熊楠菌類彩色図譜百選』（エンタプライズ刊）は、主に美的感覚に基づき、額装に耐える100点が選ばれた。熊楠研究の発展に伴い、彼の思想や生き様に関心を持つ人がますます増えている。その傾向が続く限り、企画展や出版物でこれらの菌類図譜が取り上げられる機会はなくなりそうもない。

また、菌類図譜は今後の熊楠研究にも活用されそうである。約3400枚の図版がスキャナーに取り込まれてデジタル化され、細字の英文は文字情報化されている。熊楠の菌類図譜全体のおそらく6割ほどは電子化されたことになる。文字情報にはきのこを採集した場所、年月日、採集者が含まれているため、熊楠の行動や人物関係をひもとく上で役立つことが期待されている。

熊楠の意志に添う活用方法は、やはり自然史研究に利用することだろう。熊楠の菌類図譜は、実物標本にその彩色図と詳細な記述が付随しているため、科学的価値が高い。しかし、分類学的研究に利用されたのは過去に1回だけである。アセタケ属の研究者が、関連図版を精査し、論文の一部に引用して発表した。

日本のきのこ研究は遅れていて、名前の付いていないきのこがまだたくさんある。命名されているきのこは全体の3割か4割ほどと言われている。菌類図譜に貼付された実物標本は、乾燥の仕方に問題があったためか、現在のきのこ分類学において重要な形質とされている組織の微細構造を観察することが出来ないようだ。あれこれの理由で、現役のきのこ学者が熊楠の菌類図譜を研究に利用しようとするのはまだだいぶ先のことかも知れない。

きのこ学の門外漢である私に出来ることは、国立科学博物館に保管されている菌類図譜の情報を公開し、日本産きのこの属や科のモノグラフを作成しようとする研究者が出現した時、すぐに利用できる状態にしておくことと考えている。

くさびらは幾劫へたる宿対ぞ ——熊楠ときのこ

松居竜五［龍谷大学国際文化学部国際文化学科准教授］

南方熊楠が生涯にわたって博物学にかけた情熱の跡は、今日、おびただしい量の資料として残されている。幼い頃集めた甲殻類などの標本に始まり、アメリカ・キューバ時代のさまざまな隠花植物を詰めた箱。さらに那智時代以降の4000枚を超える藻類のプレパラート標本。リスター父娘との書簡やその『粘菌モノグラフ』に細字で書き込まれた変形菌研究。シダ、コケ、高等植物から、昆虫、小動物にいたる標本の山。

こうした熊楠の生物観察の遺産の中でも白眉と言うべきものが、本書で紹介された3500枚に上る菌類すなわちきのこの図譜であることはおそらく論を俟《ま》たないだろう。熊楠自身、そのことに関しては、1925年の自伝を記した長文書簡、通称「履歴書」の中で次のように断言している。

> しかし、小生のもっとも力を致したのは菌類で、これはもしおついであらば当地へ見に下られたく、主として熊野で採りし標品が、幾万と計えたことはないが、極彩色の画を添えたものが三千五百種ばかり、これに画を添えざるものを合せばたしかに一万はあり。（矢吹義夫宛書簡、1925年1月31日）

つまり、この「履歴書」が書かれた57歳の時点で、熊楠は菌類の標本10000種を採集しており、そのうちの3500種についてスケッチを残したということになる。熊楠は16、17歳の頃に、アメリカのカーティスとバークレーが6000点の菌類を調査したことを聞いて、自分は「何とぞ七千点日本のものを集めたし」（上松蓊宛書簡、1919年8月27日）と志したという。ここで、菌類標本10000点を誇っているところを見ると、晩年になってこれを達成したという認識を抱いていたことが想像されるのである。もっとも、その6年前の1919年の時点では、「帰国後只今六千点まで集めおり、今一千点集めたら止めたくと存じおり申し候えども」（同上）と語っていたから、このあたりの数え方はややあいまいだったかもしれない。

それにしても、熊楠の描いたきのこ図譜のスケッチの1枚1枚の精妙さと、主に英文による細かい記載には圧倒される思いがする。いったい、彼がこれほどの熱意と時間を費やして、菌類や生物の世界を探求しようとしたのはなぜだったのか。実は、前述の「履歴書」中には、この疑問にある程度答えてくれる文章が存在する。「日本今日の生物学は徳川時代の本草学、物産学よりも質が劣る」という友人の言を紹介して、その理由を説明した部分である。

> むかし、かかる学問をせし人はみな本心よりこれを好めり。しかるに、今のはこれをもって卒業また糊口の方便とせんとのみ心がけるゆえ、おちついて実地を観察することに力めず、ただただ洋書を翻読して聞きかじり学問に誇るのみなり。それでは、何たる創見も実用も挙がらぬはずなり。（矢吹宛書簡、1925年1月31日）

「かかる学問をせし人はみな本心よりこれを好めり」とは、まさしく熊楠自身の学問にかける思いを込めた言葉であった。もちろん熊楠も、職業としての学問にまったく縁がなかったわけではない。たとえば、ロンドン時代には、学術雑誌に多くの民俗学関連の英文論文を掲載され、当代の学者とさかんに交流・論戦をおこなうといった活動を背景に、「ケンブリッジ大学」への就職を夢見たこともあった。田辺に定住した後は、家族を養うために心ならずも東京の商業誌のために原稿料目的の文章を書いてもいる。

しかし、こと生き物の観察となると、熊楠の研究は無償の行為であり続けた。33歳にしてロンドンから帰国し、那智山中での生活のことを「熊野にて山海の植物採集まかりあり。実に発見頗る多く一と通りの調査に二三十年もかゝるべくと存ぜられ候」（土宜法龍宛書簡、1902年3月17日）と記してから、熊楠は紀伊半島の生物の悉皆調査に生涯を捧げた。その孤独な採集生活を支えたのは、何よりも「本心よりこれを好めり」という江戸時代の本草学者のような気持ちだったにちがいない。那智時代の熊楠は、智とは人間の心が宇宙から得る楽しみのことであると、高らかに宣言している。

> 宇宙万有は無尽なり。ただし人すでに心あり。心ある以上は心の能うだけの楽しみを宇宙より取る。宇宙の幾分を化しておのれの楽しみとす。これを智と称することかと思う。（土宜宛書簡、1903年7月18日）

その一方で、この「楽しみ」は熊楠にとっては「業」とも言うべき面と表裏の関係にあった。特に晩年には、周囲からかならずしも理解されているとはいえない作業を、何十年にもわたって孤独に続けている自らの姿について、自嘲とも矜持ともつかないような調子で表現する

写真1　小畔四郎宛のはがきに描いた句と自画像（下）
写真提供：平凡社
写真2　楠本龍仙画　南方熊楠像の掛け軸　一乗院蔵（右）

文章も見られるようになってくる。

たとえば、きのこの採集を兼ねて友人の土宜法龍を訪ねて1920年に高野山に出かけた折りに作った句が、植物学上の協力者であった小畔四郎宛のはがきのかたちで残されている（中瀬喜陽「南方熊楠ゆかりの地」――松居竜五・岩崎仁編『南方熊楠の森』、2005年、方丈堂出版）。

くさびらは幾劫へたる宿対ぞ　熊楠

この句に添えて、熊楠は、膳に置かれたキノコの山を前に、右手に銚子、左手に筆を持つ自分の姿をユーモラスに描いている。つまりは、高野山の宿坊での宴の席で一杯調子で詠んだ戯れ歌ではあるが、そこにはくさびら（＝きのこ）と自分の因縁を、運命的なものと感じる熊楠の感懐が込められているのである（写真1）。

実は、この時熊楠が泊まった一乗院には、同じ句を記した楠本龍仙による熊楠の肖像画も残されている。興味深いことに、こちらにはまったくちがったタッチで、床の間いっぱいの大きな掛け軸に、「宿対」であるくさびらをにらみつける仁王のような熊楠の力強い姿が描かれている（写真2）。この迫力ある肖像と熊楠自身の描くどこか困惑したところのある小さな自画像を比べると、周囲による伝説化された熊楠像と等身大の自己の間の懸隔を敏感に感じ取りながら生きていた当時の熊楠の微妙な心境が察せられる。

その後も、熊楠のくさびらに対する献身的な作業は終わることがなかった。昭和天皇へのご進講の前年にあたる1928年には、熊楠は意を決して山深い妹尾の官林に向かい、酷寒の中で数ヶ月とどまって採集を続けた。この時の山ごもりの様子は、次のような鬼気迫るものであったという。

かくて氷雪中に三百余点まで菌を集め写生するに、針で石を突くごとき音を出す。墨やインキや水彩色がたちまち凝りて堅くなり、筆のさきまた針のごとく固まるゆえなり。故に筆や彩画具を用うることならず、鉛筆のみで図を引き色合い等を記し添えおきし。（岩田準一宛書簡、1931年8月20日）

この山ごもりの後に、妹尾の官林から田辺に帰る途次、熊楠は知り合いの山田家に立ち寄り、蟹の絵とともに「苔の下に埋もれぬものや蟹乃甲」という句を記した「妹尾即事」と題する軸を置いていったという（吉川寿洋による解説――南方文枝『父南方熊楠を語る』、1981年、日本エディタースクール出版部）。

その序には、次のような言葉が書き付けられている。

われ九歳の程より　菌学に志さし　内外諸方を歴遊して息まず　今六拾三に及んで此地に来り　寒苦を忍び研究す　これが何の役に立つ事か自らも知らず

「これが何の役に立つ事か自らも知らず」とは、60歳を超えてなお、夢とも妄執とも言うべき菌類への情熱を捨てなかった熊楠だからこそ吐露できるような、実に人間的な味わいを持つ言葉である。なるほど、ついにその全貌が学界に発表されることのなかった熊楠の菌学が、現在の植物学にどのように「役に立つ」のか、あるいはまったく立たないのかを議論することも大事かもしれない。しかし、すでに翁の年齢に達した熊楠のこの決然たる諦観を前にして、「大賢は大愚に似たり」という格言を思い起こす余裕もまた、私たちには必要なのではないだろうか。

熊楠の菌類図譜を読む

岩崎 仁［京都工芸繊維大学環境科学センター准教授］

南方熊楠が描いたきのこ図譜（彩色菌類図譜）は４つの要素から成り立っている。きのこの写生図（彩色画）、標本、胞子、英文記載である。萩原博光氏が指摘しているように、この４つの要素がそろった南方熊楠彩色菌類図譜は、きのこ標本として「超一級資料」ということとなる。しかし、１枚の紙の上に４つの要素がすべてそろっている図譜は少なく、本書で紹介する120点では10点あまりである。そのひとつが最初に挙げられたF. 4であり、続くF. 33には胞子が欠けており、F. 50には菌の標本が無い。以下、このF. 4を例にしてきのこ図譜を「読む」ことにする。

F. 4の図の上部には「F. 4」と小さく記され折り畳まれた紙片がある。この中にはきのこの胞子を挟んだ雲母片が入っている。胞子は菌の標本とともにきのこを同定する際に重要な情報を提供する。紙片は図譜にしっかりと貼り付けられているが、胞子を再度観察するため中身の出し入れが自由にできるよう巧妙に折り畳まれている。なお、このF. 4と他の何点かを除いて胞子を入れた紙片には「Spores（胞子）」と注意書きがされている。胞子を包んでいる紙はノートの一部を切ったもののようであるが、次のF. 33では英文が印刷された紙を使っている。これらの紙をよく見ると、熊楠の初論文である『東洋の星座』を始め多数の論文が掲載された「Nature」誌のページの一部であることがわかる。このように、熊楠はノートの切れ端など自分の周りで不要となった紙を包装紙として利用しているが、なかには反故となった書簡や熊楠宛の請求書、あるいは熊楠本人の英文履歴書（Vitae）の下書きまで使われている。

胞子を包む紙片の右側に３つ、写生図をはさんで左に３つ見られる茶色く乾燥したモノがきのこの標本で、やはり台紙にしっかりと貼り付けられている。右の３つは１つのきのこを縦に裂いたものと推測できる。他の図譜も多くはこのF. 4と同様にきのこを裁断して、あるいはきのこそのものを乾燥させて台紙に貼り付けているが、きのこが小さいときなどそのまま貼り付けることが困難な場合は胞子と同様に紙に包んで台紙に貼り付けられている。前述のF. 33がその例で、貼り付けられた４つの紙片には「Spores」と書かれておらず、すべてに「毒」と記されている。これは折り込まれたきのこの標本を虫害から防ぐために砒素による処理を施したことを示している。

F. 4において中央の位置を占めるのはきのこの写生図である。まず鉛筆できのこの様子を詳しく描き、その後水彩絵の具で彩色したことがうかがえる。中央の図は右側一番上のきのこ標本を描いたもの、また、彩色されず鉛筆書きだけの左の図は上から２番目のきのこを縦に裂いた断面を描いたものであろう。このように、写生したきのこ標本をその図と対応させるように貼り付けている場合が多く見られる。その典型はF. 498で、きのこ標本を対応する写生図のできるだけ近い場所に添付している。

さて、いよいよ４つめの要素である英文記載を読もう。まず図譜最上部に１行、「F. 4 Cortinarius（Myxacium: Colliniti?）Januarius Minakata（菌４番、コルティナリウス ジャニュアリウス ミナカタ）」とある。熊楠は通常の英文記載は筆記体で書き、学名に相当する部分のみ活字体で書いて区別している。この学名は１月に採取・南方熊楠によって命名された新種ということになろうか。そのほかにもF. 50、F. 410など学名部分に「Minakata」が入る図譜が散見され、菌類図譜を見る限り熊楠が新種としたきのこが数多く存在することになる。

下部に見える細かな字で書き込まれた英文がきのこの詳細な記述であり、基本的な情報からスタートしている。

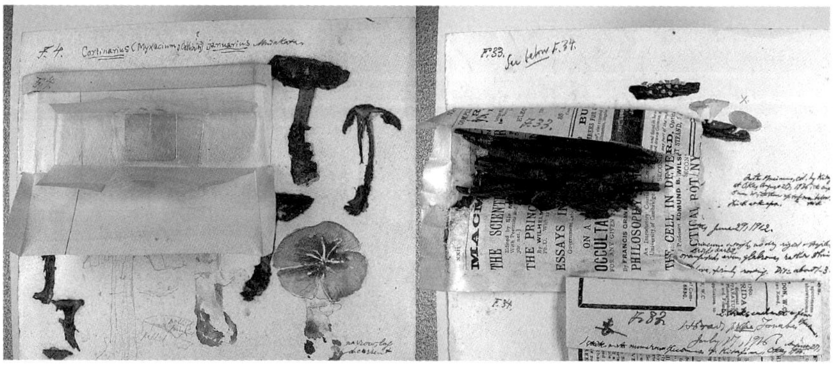

胞子を挟み込んだ雲母片（左、F. 4）と
Nature誌のページに包まれた
チャワンタケの標本（右、F. 33）

「Under pines, Goboyama, Kii, legit & del. K. Minakata, January 8, 1901.（採取場所：松の下、採取地：紀伊御坊山、採取〈記載〉者：南方熊楠、1901年1月8日）」、紀伊御坊山は和歌山市南部にあり現在は秋葉山と呼ばれる小高い丘で、前年10月に長期の留学から失意のうちに帰国した熊楠が最初に落ち着いた和歌浦円珠院に近い。この日の日記には「……　午後御坊山ニ登ル　菌凡《およそ》七種トル　……　夜菌一種図ス　……」と書かれており、図譜の記載と対応していることがわかる。以上の採取に関する情報が英文記載の基本であり、これのみが記されたF. 4377のような図譜も若干存在する。次に「Solitary, Inodorous. Stem sub-bulbous, 6 cm high, equal, cylindrical, little more than 1 cm thick, ……（一本立ち、無臭。柄の下部は球根状、高さ6 cm、等しく円筒状、太さ1 cm強、……）」と、全体的な様子ときのこの柄（Stem）の部分の形状、色などの特徴が述べられ、続いて傘の部分（Pileus）、傘の裏のひだ（Gills）について同様に詳述されている。ここではきのこが無臭であると書かれているが、彼はきのこの香りをかぎ、また自ら味わってその匂いや味について記述している。F. 1939の英文記載（1916年9月26日。F. 1939は本書に載せた図譜とは別に3枚あり、うち1枚は説明文のみである）中には「Smell somewhat wine or formalin-like and bread-like or Yakidofu-like, or elephant-beetle-like, taste sweet.」と、また同番号の別の記載（1923年9月16日）中には「Scent sweet like Matsudake-like, strong, taste mild then acrid.」と書かれ、特に匂いについての記述が詳しい。それにしても、ワインあるいはフォルマリンに似て、パンや焼き豆腐のような、またはゾウカブトムシのような匂い、かつ、マツタケに似た強く甘い香りとは……私のような凡人の嗅覚と想像力ではとうてい理解しがたい。

本書で紹介した120点の図譜は「絵」として観ることを念頭に選び、写生画は小さくとも熊楠の菌類図譜の中で特徴的なものをいくつか加えた。その1つがF. 1252である。これは神社合祀反対運動の中で熊楠が騒ぎを起こし、収監された際に採取したきのこの図譜である。左下に和文で「此画ハ　未決檻中ニテ　スケッチヲトリ　色彩ヲ記シオキ　出後写出ス　標品ハ手帳中ニ挿ミ　乾シ直タル也　熊楠」とある。

また120点の中には熊楠の手によらないことが明らかな写生図の図譜を2枚選んだ。それは息子の熊弥さんが描いたF. 1660と娘の文枝さんが描いたF. 4035である。F. 1660の日付は1925年10月9日で、鉛筆書きを含め右の3つの写生図を熊楠が、他を熊弥さん（当時18歳）が描いている。熊弥さんはこの年の3月に精神的な病を発症し、5月から自宅療養をしている。以後、熊楠は熊弥さんの病をとても気にかけ思い悩む日が続く。このような状況での2人の合作である。同日および前日の日記にはまず熊弥さんに写生させ、次に熊楠が同じものを同じ紙に描いたと記されている。熊楠は、熊弥さんに絵を描かせることによって熊弥さんの病の快復を、そして同じものを同じ紙の上に描くことによって熊楠は自身の心の安定を得ようとしたのではないだろうか。

熊弥と文枝　1915年頃　南方熊楠顕彰館蔵

一方、F. 4035の左の図譜の日付は1932年8月22日で、文枝さんは当時20歳である。同じ番号の右の図譜は65歳となった熊楠が描いたもので、日付は9月1日となっている。したがって、両者の構図は非常によく似ているものの異なるきのこを描いたものと思われる。2人の描いた絵を並べて見ると、受ける印象が明らかに異なり大変興味深い。文枝さんの写生画ははっきりとした線と色彩で描かれ、熊楠のそれと比較して力強さを感じる。この年あたりから熊楠が没する1941年まで文枝さんの手による写生画の図譜は非常に多く残されているが、どちらが描いたか絵のタッチから容易に判断できると言っていい。これらの図は熊楠自身が弱ってきたため文枝さんに手伝わせたと考えられているが、幼い頃の熊弥さんに自分の植物研究者としての仕事をついで欲しいと期待した熊楠であるから、文枝さんに対して同じ思いを抱いていた可能性もある。

熊楠の遺品や資料を多数保管している和歌山県田辺市の南方熊楠顕彰館には熊楠がフィールドワークで使用したであろう絵の具や陶製パレット、筆などの画具が入った籠が残されている。これを背負って山へ入り、地面にしゃがみ込んできのこを写生する熊楠の姿が目に浮かぶようである。また、野冊《やさつ》に挟まれたままの状態で茶色く変色した紙束がいくつか保管されているが、その間には乾燥しきったきのこが数多くそのまま残っている。いつの日か熊楠の手によって整理されるはずであったきのこ達である。

【南方熊楠略年譜】

1867年（慶応3）0歳

4月15日、父・弥兵衛《やへえ》、母・スミの次男として和歌山城下橋《はし》丁《ちよう》に生まれる。

1875年（明治8）8歳

『和漢三才図会《わかんさんさいずえ》』（105巻）の筆写を始めた。この後に『本草《ほんぞう》綱目《こうもく》』、『名所図会《めいしよずえ》』、『大和本草《やまとほんぞう》』なども筆写。

1884年（明治17）17歳

9月、大学予備門に入学。同期に夏目漱石、正岡子規ら。

1886年（明治19）19歳

2月、予備門を退学し、12月に渡米。

1887年（明治20）20歳

1月、サンフランシスコに上陸、同地のパシフィック・ビジネス・カレッジ、のちランシングの州立農学校へ入学。翌年の退学後は、独学で西洋思想を学び、植物採集を行う。

1891年（明治24）24歳

4月、フロリダ、キューバなど各地で植物を調査。キューバで採集した地衣類の一種は新種と認定された。

1892年（明治25）25歳

9月、ニューヨークからロンドンへ渡る。

1893年（明治26）26歳

9月、大英博物館への出入りを許され、東洋関係の文物の整理をしながら読書と抄写に励む。

10月、週刊科学誌『Nature』に「東洋の星座」を発表。ロンドン訪問中の土宜法龍《どぎほうりゆう》と会い親交を結ぶ。

1895年（明治28）28歳

4月、大英博物館の図書館に通い、民俗学、博物学、旅行記などの筆写を開始し、筆写ノート「ロンドン抜書」は帰国までに52冊となる。

1897年（明治30）30歳

3月、大英博物館東洋図書部長R・ダグラスの紹介で孫文と会う。

1900年（明治33）33歳

生活の窮迫から9月1日、帰国の途につく。

10月15日、神戸に上陸、弟・常楠《つねぐす》に迎えられ和歌山市に帰る。

1901年（明治34）34歳

10月、紀伊勝浦入りし、那智《なち》山周辺の隠花植物を調査。

1904年（明治37）37歳

9月、那智での研究生活を打ち切り、10月に田辺へ。

1906年（明治39）39歳

7月、田辺闘雞社《たなべとうけいしや》宮司の四女田村松枝（27歳）と結婚。

1909年（明治42）42歳

9月、神社の合祀と森林伐採に反対する意見を『牟婁新報《むろしんぽう》』に発表。

1911年（明治44）44歳

3月、柳田國男より来信、以後文通を重ねる。

9月、松村任三《まつむらじんぞう》宛書簡二通が柳田により『南方二書《みなかたにしよ》』として刊行され、識者に配布される。

1921年（大正10）54歳

1月、熊楠が先年（1917年8月）、自宅の柿の木より発見した変形菌を新属新種ミナカテルラ・ロンギフィラと命名したとの知らせをG・リスターより受ける。

1926年（大正15）59歳

11月、門人小畔四郎《こあぜしろう》らと協力して変形菌標本90点を摂政宮《せつしようのみや》（後の昭和天皇）に進献。

1929年（昭和4）62歳

6月、南紀行幸の昭和天皇に進講し、変形菌標本110点を進献。

1935年（昭和10）68歳

12月、神島《かしま》が文部省より史蹟名勝天然記念物に指定される。

1941年（昭和16）74歳

12月に入ると萎縮腎《いしゆくじん》で臥し、やがて黄疸を併発する。29日午前6時30分永眠。

本書に掲載した菌類図譜は、すべて
独立行政法人国立科学博物館所蔵のものです。

図譜スキャニング：岩崎 仁

本書は、2007年10月6日（土）～2008年2月3日（日）、
ワタリウム美術館において開催した展覧会
「クマグスの森展　南方熊楠の見た宇宙」を記念し
出版された。

ブック・デザイン：新潮社装幀室

南方熊楠《みなかたくまぐす》　菌類図譜《きんるいずふ》

発行 2007 年 9 月 25 日
5刷 2022 年 11 月 20 日

解説　萩原博光《はぎわらひろみつ》
編集　ワタリウム美術館《びじゆつかん》
発行者　佐藤隆信
発行所　株式会社新潮社
住所　〒 162-8711 東京都新宿区矢来町 71
電話　編集部 03-3266-5611
読者係 03-3266-5111
http://www.shinchosha.co.jp
印刷所　半七写真印刷工業株式会社
製本所　大口製本印刷株式会社

乱丁・落丁本は、ご面倒ですが小社読者係宛お送り下さい。
送料小社負担にてお取替えいたします。
価格はカバーに表示してあります。

ISBN978-4-10-305551-8 C0371